专项职业能力考核培训教材

国家级职业培训规划教材

意大利式菜肴制作

人力资源社会保障部教材办公室　组织编写

主　编：赖声强　李　锋　周　洁
副主编：朱颖海　王　龙　马晓亮　李　剑　曹　纲
　　　　赵豪烨
编　者：刘　健　罗　翎　徐逢君　杨啸林　鲁效周
　　　　陶锋杰　蔡静勇　宋佳鸣
主　审：张　喆

U0370303

中国劳动社会保障出版社

图书在版编目（CIP）数据

意大利式菜肴制作 / 人力资源社会保障部教材办公室组织编写 . -- 北京：中国劳动社会保障出版社，2021

专项职业能力考核培训教材

ISBN 978-7-5167-4999-9

Ⅰ. ①意…　Ⅱ. ①人…　Ⅲ. ①菜谱–意大利–技术培训–教材　Ⅳ. ①TS972.185.46

中国版本图书馆 CIP 数据核字（2021）第 195053 号

中国劳动社会保障出版社出版发行

（北京市惠新东街 1 号　邮政编码：100029）

*

三河市华骏印务包装有限公司印刷装订　新华书店经销

787 毫米 ×1092 毫米　16 开本　10 印张　146 千字

2021 年 11 月第 1 版　　2021 年 11 月第 1 次印刷

定价：45.00 元

读者服务部电话：（010）64929211/84209101/64921644

营销中心电话：（010）64962347

出版社网址：http://www.class.com.cn

前　言

　　职业技能培训是全面提升劳动者就业创业能力、促进充分就业、提高就业质量的根本举措，是适应经济发展新常态、培育经济发展新动能、推进供给侧结构性改革的内在要求，对推动大众创业万众创新、推进制造强国建设、推动经济高质量发展具有重要意义。

　　为了加强职业技能培训，《国务院关于推行终身职业技能培训制度的意见》（国发〔2018〕11号）、《国务院办公厅关于印发职业技能提升行动方案（2019—2021年）的通知》（国办发〔2019〕24号）提出，要深化职业技能培训体制机制改革，推进职业技能培训与评价有机衔接，建立技能人才多元评价机制，完善技能人才职业资格评价、职业技能等级认定、专项职业能力考核等多元化评价方式。

　　专项职业能力是可就业的最小技能单元，劳动者经过培训掌握了专项职业能力后，意味着可以胜任相应岗位的工作。专项职业能力考核是对劳动者是否掌握专项职业能力所做出的客观评价，通过考核的人员可获得专项职业能力证书。

　　为配合专项职业能力考核工作，人力资源社会保障部教材办公室组织有关方面的专家编写了这套专项职业能力考核培训教材。该套教材严格按照专项职业能力考核规范编写，教材内容充分反映了专项职业能力考核规范中的核心知识点与技能点，较好地体现了适用性、先进性与前瞻性。教材编写过程中，我们还专门聘请了相关行业和考核培训方面的专家参与教材的编审工作，保证了教材内容的科学性及与考核规范、题库的紧密衔接。

专项职业能力考核培训教材突出了适应职业技能培训的特色，不但有助于读者通过考核，而且有助于读者真正掌握专项职业能力的知识与技能。

本教材培训任务 1 由周洁、曹纲、徐逢君编写，培训任务 2 由宋佳鸣、杨啸林、陶锋杰编写，培训任务 3 由李锋、刘健、鲁效周、罗翎编写，培训任务 4 由王龙、马晓亮、赵豪烨、朱颖海、蔡静勇编写，培训任务 5 由赖声强、李剑编写。本教材在编写过程中得到了上海市餐饮烹饪行业协会的大力支持与协助，在此一并表示衷心感谢。

教材编写是一项探索性工作，由于时间紧迫，不足之处在所难免，欢迎各使用单位及个人对教材提出宝贵意见和建议，以便教材修订时补充更正。

人力资源社会保障部教材办公室

序

意大利式菜肴素有"欧洲大陆烹调之母"之称，是世界精美菜肴的重要代表，花样繁多，口味丰富。意大利式菜肴注重原料的本质、本色，成品力求保持原汁原味，在烹制过程中非常喜欢用蒜、葱、番茄酱、干酪等，讲究制作沙司。意大利式菜肴的烹调方法以炒、煎、烤、红烩、红焖等居多，通常先将主料裹、腌、煎或烤，再与辅料一起烹制，从而使口味异常出色，缔造出层次分明的多重口感。

意大利式菜肴品种多样，风味各异，著名的有意大利面、比萨等。意大利面具有不同的形状，斜状的是为了让酱汁进入面管中，条纹状的是为了让酱汁留在面条表层。意大利面的颜色代表了添加的不同辅料：红色面条是在制面过程中混入了红甜椒，黄色面条是在制面过程中混入了番红花或南瓜，绿色面条是在制面过程中混入了菠菜，黑色面条最具视觉冲击力，用的是乌贼墨。意大利面的所有颜色皆来源于自然食材，而不是色素。

意大利式菜肴烹制方式变化多端，品种多样。就拿最常见的面粉来说，一个面团，出色的意大利式菜肴烹调师就能做成上千种面点，而且滋味各异。

本教材根据上海市职业技能鉴定中心制定的意大利式菜肴制作专项职业能力考核规范精心编写，适合学生在经过专业理论知识系统学习的基础上进行操作技能训练，从而将熟练掌握的技法运用到菜品制作中去，着重独立制作意大利面食、比萨、主菜等。本教材通过任务引领的方式做到"理实"统一，在做中学，在学中做。本教材以技能操作为主线，用图文相结合的方式，通过实例一步步地介绍各项操作技能，便于学生理解和对照操作。

姜晓敏

目　录

培训任务 1

基础操作

意大利式菜肴基本食材

南北狭长的意大利，因各地区的气候和地形不同，拥有各式各样的食材。如果没有这些多样化的食材，也就不会有这么丰富的意大利式菜肴了。因此，在介绍意大利式（简称意式）菜肴的基础操作之前，有必要先介绍一些具有代表性的食材。

一、肉类、水产类加工品

意式培根或意式腊肠等肉类加工品不同地区有各自的传统制作方法，具有代表性的水产类加工品是鳗鱼干或鳕鱼干，将其切碎撒在菜肴上作为提味料，是意大利式菜肴不可或缺的特色。

1. 意式培根

意式培根（见图 1-1-1）是猪五花肉用盐和香草类香料揉捏后熟成的肉片，经常作为意大利面或汤品的食材，用来增添风味和香气。

图 1-1-1　意式培根

2. 火腿

火腿是未经加热的猪肉以盐腌渍干燥制成的,是意大利具有代表性的肉类加工品,特别著名的有艾米利亚 – 罗马涅大区的帕尔玛火腿(见图 1-1-2)等。

图 1-1-2　帕尔玛火腿

3. 萨拉米香肠——意式腊肠

萨拉米香肠本质上就是在猪绞肉中混拌了猪背油等油脂,不经任何烹饪加工,只经发酵和风干制成的香肠。萨拉米香肠在意大利各地都有制作,其中最出名的是托斯卡纳大区生产的托斯卡纳风味腊肠(见图 1-1-3)。托斯卡纳风味腊肠因调味时加入了茴香籽而闻名世界,其比一般的萨拉米香肠要粗一些,由磨碎的猪肉和脂肪制成,需要风干3~4 个月。这种萨拉米香肠带有辛辣的口感,通常切厚片食用。

图 1-1-3　托斯卡纳风味腊肠

4. 鳀鱼干

将鳀鱼去除头部和内脏,用盐腌渍或用橄榄油浸渍制成。橄榄油浸渍的鳀鱼干有剔除鱼皮、鱼骨的片状(见图 1-1-4),以及捣成泥状这两种。

图 1-1-4　油浸鳀鱼干

5. 鳕鱼干

鳕鱼的加工品中，有将梭鳕连同头和内脏一起干燥制成的咸鳕鱼干，以及将鱼身对切后用盐腌渍干燥制成的盐渍鳕鱼干（见图 1-1-5）。

图 1-1-5　盐渍鳕鱼干

相关链接

调味料

使用橄榄油是意大利式菜肴独一无二的特色。而用葡萄发酵而成的巴萨米克醋以及富含较多矿物质的盐，都是造就意大利式菜肴非同一般美味的重要食材。

1. 橄榄油

意大利的橄榄油大部分产于普利亚大区，有果香，呈金黄色。卡拉布里亚大区、托斯卡纳大区、西西里大区也有一定产量的橄榄油。

2. 巴萨米克醋

巴萨米克醋是艾米利亚－罗马涅大区的莫德纳地区和勒佐·艾米利亚地区特产的醋，常作为酱汁或沙拉的调味料，也可以直接淋在水果上食用。

3. 白酒醋和红酒醋

白酒醋和红酒醋是用葡萄酒发酵而成的酒醋。白酒醋风味独特、酸味较强，适合烹调鱼类以及调配油醋汁或沙拉酱。红酒醋略带苦味，风味更醇厚，几乎适用于所有意大利式菜肴。

4. 盐

意大利被海洋包围，其所产的盐含有丰富的矿物质。西西里大区的特拉巴尼至今仍延续着传承了 2 000 多年的制盐法。

二、意大利面食

意大利面食分为干燥意大利面和新鲜意大利面食两大类。

1. 干燥意大利面

（1）长形意大利面。长形意大利面的原料为粗粒小麦粉，加水和盐揉成细长的面条，常见于意大利南部。长形意大利面分为天使发丝细面（直径约 0.9 mm）、意大利极细面（直径约 1.4 mm）、意大利细面（直径约 1.6 mm）、标准意大利面（直径约 1.9 mm）、意大利粗面（直径约 2.5 mm，中间有孔洞）等，各式各样，应有尽有。用较深的大锅来烫煮是长形意大利面烹制的关键。

（2）短形意大利面。短形意大利面分为笔管面（见图 1-1-6）、螺旋面（见图 1-1-7）、蝴蝶面（见图 1-1-8）、贝壳面（见图 1-1-9）等，有各种形状，形态较小，烫煮时可以浮在水上，即使在浅锅中也可以烹制。短形意大利面均保有意大利面特有的弹牙状态，制作方便。意大利人较常食用短形意大利面。

图 1-1-6　笔管面

图 1-1-7　螺旋面

图 1-1-8　蝴蝶面

图 1-1-9　贝壳面

2. 新鲜意大利面食

新鲜意大利面食种类很多。最常见的新鲜意大利面食是现做手工面，是意大利北部常吃的面，主要由面粉、鸡蛋和盐制成，有着干燥意大利面所没有的柔软口感。

新鲜意大利面食的面团中加入了鸡蛋，有些用菠菜、番茄等染色调味，有些还包裹馅料。

新鲜意大利面食的主要品种有千层面、意式面疙瘩（见图1-1-10）、8 mm宽面、3 mm宽面、意式饺子（见图1-1-11）等。

图1-1-10 意式面疙瘩

三、谷类

虽然意大利属于欧洲国家，但也是个食用谷类的国家，只是米饭不被当作主食来食用，而被作为辅料运用于汤品或沙拉中。其他如麦片、裸麦、玉米粉等也经常用于菜肴烹饪中。

图1-1-11 意式饺子

1. 意大利米

意大利米的主要品种有卡纳罗利米（见图 1-1-12）和纳诺米（见图 1-1-13）。前者细长且米粒较大，不太黏也不容易煮烂，适用于炖饭；后者米粒稍圆，除了用于炖饭外，也常被用来代替蔬菜或意大利面。

意大利米是以米粒大小的顺序来分类的。烹调炖饭时多半会使用黏度较低的米。

图 1-1-12　卡纳罗利米

图 1-1-13　纳诺米

2. 面粉

（1）标准小麦粉。在意大利，面粉的精度依次分为 00 号面粉、0 号面粉、1 号面粉、2 号面粉、全麦粉等。图 1-1-14 为 00 号面粉。

（2）粗麦面粉（见图 1-1-15）。粗麦面粉也称粗粒小麦粉，是制作意大利面的原料粉，粉粒呈较粗硬的砂状。

图 1-1-14　00 号面粉

图 1-1-15　粗麦面粉

3. 玉米粉

玉米粉可以用热水搅拌做成玉米糕，有黄色和白色两种。

四、芝士

芝士又称奶酪、干酪、乳酪等。在全球 8 000 种以上的芝士当中，约有 500 种是由意大利生产的。

1. 帕玛森干酪（见图 1-1-16）

帕玛森干酪是举世闻名的意大利芝士。就其奶源而言，无论是奶牛的饲养，还是其风味形成和发酵过程等，都经过严格管理。即使在意大利，也只有莫德纳、波洛尼亚等地区被认定允许生产帕玛森干酪。

图 1-1-16　帕玛森干酪

2. 马斯卡普尼芝士（见图 1-1-17）

马斯卡普尼芝士的乳脂成分在 70% 以上，是一款味道浓醇的新鲜芝士，在意大利境内可以全年制作。因为马斯卡普尼芝士有着鲜奶油般的风味，所以经常被用来制作提拉米苏等甜点。

图 1-1-17　马斯卡普尼芝士

3. 瑞可达芝士（见图 1-1-18）

瑞可达芝士是将芝士制造过程中所产生的乳清加热至 90 ℃，使其浮到表面后制成的。瑞可达芝士是意大利南部出产较多的芝士。

图 1-1-18　瑞可达芝士

4. 塔莱焦芝士（见图 1-1-19）

塔莱焦芝士是在意大利一种较为少见的水洗式芝士，中间稍软且有少许甜味，因为其在熟成期要用盐水洗、浸表面，所以表皮有很独特的味道。

图 1-1-19　塔莱焦芝士

5. 卡斯特玛干酪（见图 1-1-20）

卡斯特玛干酪产于意大利皮埃蒙特大区，以牛奶为主料，混入少量羊奶，仅能在山岳地带制作，因而产量有限，属于较昂贵的干酪。

图 1-1-20　卡斯特玛干酪

6. 马苏里拉芝士（见图 1-1-21）

先将水牛乳和奶牛乳凝固后放在热水中揉搓，再将其剥成适当大小的新鲜软式芝士就是马苏里拉芝士。因为其不含盐分，所以经常会撒上盐、胡椒粉、橄榄油等来食用。

7. 帕达诺芝士（见图 1-1-22）

帕达诺芝士的形状和制作方法与帕玛森干酪十分相似，但帕达诺芝士的熟成时间较为短暂。意大利北部的波河流域平原是其主要产地。

图 1-1-21　马苏里拉芝士　　　　　　图 1-1-22　帕达诺芝士

8. 戈贡佐拉芝士（见图 1-1-23）

戈贡佐拉芝士也称蓝纹芝士，有着悠久的历史。在伦巴第大区的戈贡佐拉村中，这种芝士从公元 9 世纪就开始出产了，分为辣味和甜味两种。

9. 佩科里诺芝士（见图 1-1-24）

佩科里诺位于意大利中部和南部，用绵羊奶制成的芝士称为佩科里诺芝士，分为罗马诺芝士、萨尔多芝士和托斯卡纳芝士。能在舌尖上产生特殊的咸味是这种芝士的最大特征。

图 1-1-23　戈贡佐拉芝士

10. 意大利果仁味羊奶干酪（见图 1-1-25）

意大利果仁味羊奶干酪用与瑞士、法国接壤的瓦莱·达奥斯塔大区原产种羊的羊乳制成，充满弹性和香甜风味，加热融化时会散发出独特的香气。

图 1-1-24　佩科里诺芝士

图 1-1-25　意大利果仁味羊奶干酪

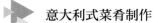

五、蔬菜

意大利拥有大量农田，其中生产的多种多样、五颜六色的蔬菜是闻名世界的意大利美食的主要原料。

1. 洋蓟

洋蓟别名朝鲜蓟、洋百合，是菊科菜蓟属中以花蕾供食用的多年生双子叶草本植物，营养价值极高，有"蔬菜之皇"的美誉。洋蓟有强烈的涩味，花萼和花瓣部分可食用。

2. 玉兰菜

玉兰菜也称欧洲菊苣，是菊苣的变种，是用布覆盖后使其软化栽植而成的嫩芽。

3. 笋瓜

笋瓜是南瓜属中的栽培品种，也有带着黄花的笋瓜。

4. 番茄

意大利南部盛产圣马尔扎品种的番茄，甜度和酸味恰到好处，适合加热后食用。

5. 甜椒

甜椒富含水分，椒肉厚，可生食。

6. 茴香

茴香是双子叶植物，多年生宿根草本植物，具有清爽和略带甜味的香气，常用油醋腌渍和炖煮。

六、菌菇

1. 蘑菇

蘑菇在意大利是最常见的菇类。它有着较丰厚的菇肉，虽然个头小，但却能搭配各式各样的菜肴。

2. 牛肝菌

牛肝菌有新鲜的和干燥的两种，市面上销售的大都是干燥的。牛肝菌以艾米利亚 – 罗马涅大区产的最为著名。干牛肝菌比新鲜牛肝菌的香气更浓。浸泡干牛肝菌的汤汁大多被用在汤菜、炖饭或意大利面中。

3. 松露

松露号称世界三大美味之一，其主要产地为意大利的翁布里亚大区。松露分白色和黑色两种，白色的较为稀少。松露没有菌菇类特有的伞帽和菇柄，其表面粗糙，大多切成薄片或切碎使用。

在意大利具有代表性的菌菇就是美味的牛肝菌和黑松露。

七、其他加工品

还有各式各样的其他食材用来制作意大利式菜肴，如番茄加工品、橄榄、酸豆等都是意大利式菜肴的常用材料。香草类和豆类加工品也是绝对不容忽视的，如罗勒酱等。

1. 番茄加工品

番茄加工品有加热处理过的去皮番茄、连同果汁的整粒罐装番茄、干燥的番茄干等，使用起来极为方便。

2. 橄榄

橄榄主要有绿橄榄和黑橄榄两种。橄榄制品有除去了橄榄核的，也有连同橄榄核与红甜椒或鳀鱼制成罐头的，种类繁多。

3. 酸豆（见图 1-1-26）

酸豆由山柑科植物的花用盐或醋腌渍而成，可加入意大利面酱汁中或直接食用。

图 1-1-26　酸豆

4. 罗勒酱（见图 1-1-27）

罗勒酱是将罗勒叶、橄榄油和松子一同用果汁机或食物调料机搅拌而成的膏状酱料。

图 1-1-27　罗勒酱

学习单元 ②

意大利式菜肴高汤制作

高汤作为汤类、炖煮类菜肴的基础，是提升各类菜肴风味、去除原料腥味不可或缺的基本材料。事先制作高汤备用，菜肴制作时就非常方便了。

基础高汤、氽烫海鲜用高汤、小牛高汤、鸡高汤等冷冻后可保存 1~2 个月，鱼高汤可保存 2~3 周。

一、基础高汤

基础高汤是运用最广泛的高汤。基础高汤用牛或鸡的肉或骨头加上香味蔬菜和香辛料熬煮而成，味道浓郁，香气逼人。

1. 基础高汤的原料（见表 1-2-1）

表 1-2-1 基础高汤的原料

原料名称	用量
牛膝肉	300 g
番茄	120 g（1/2 个）
鸡骨架	4 副（400 g）

续表

原料名称	用量
丁香	1 个
白胡椒	3 粒
洋葱	3/4 个（150 g）
百里香	1 根
胡萝卜	2/3 根（100 g）
月桂叶	1 片
芹菜	1/2 根（50 g）
蒜头	1 个
水	3 L
白葡萄酒	100 mL

2. 基础高汤的制作

步骤 1　深汤锅中放入鸡骨架、修干净脂肪的牛膝肉和水（见图 1-2-1）。

步骤 2　洋葱纵向对切，丁香刺在洋葱上，胡萝卜也纵向对切。将以上材料和芹菜直接放入锅中（见图 1-2-2）。

步骤 3　大火加热，沸腾后转成小火，待杂质浮出后小心地用汤匙舀出（见图 1-2-3）。

图 1-2-1　基础高汤制作步骤 1

图 1-2-2　基础高汤制作步骤 2

步骤 4　番茄去蒂，与取出中央芽心并对切了的蒜头、白胡椒、百里香、月桂叶、白葡萄酒一起放入锅中，在保持沸腾状态下用中小火熬煮 3~4 h（见图 1-2-4）。

图 1-2-3　基础高汤制作步骤 3

图 1-2-4　基础高汤制作步骤 4

步骤 5　在过滤器上铺厨房用纸（或放滤网），用汤匙舀起汤汁，轻巧地加以过滤（见图 1-2-5），舀至适量后提起汤锅倒以完成剩余汤汁的过滤。

图 1-2-5　基础高汤制作步骤 5

特别提示

高汤过滤时要舍弃汤锅底部过于浑浊的汤汁。

二、鱼高汤

鱼高汤是用美味的白肉鱼烹煮出来的爽口高汤。为了不熬煮出鱼骨髓中的杂味，鱼高汤必须在较短时间内完成。烹煮至味道、香气最好时立刻出锅过滤，是鱼高汤制作的重点。

1. 鱼高汤的原料（见表 1-2-2）

表 1-2-2 鱼高汤的原料

原料名称	用量
比目鱼	1 kg
洋葱	1/3 个（60 g）
红葱头	1/5 个（20 g）
蘑菇	2 个（16 g）
芹菜	1/3 根（30 g）
白胡椒	3 粒
百里香	1 根
月桂叶	1 片
白葡萄酒	100 mL
水	1 L

2. 鱼高汤的制作

步骤 1　比目鱼从头部开始剥除两面的鱼皮（见图 1-2-6），切掉鱼头和鱼鳃，去除内脏和带血的部分，洗净后切块。

图 1-2-6　鱼高汤制作步骤 1

步骤 2　将鱼块放入装满冰水的盆中浸泡约 5 min 以去除血和鱼腥味（见图 1-2-7）。

图 1-2-7　鱼高汤制作步骤 2

步骤 3　将洋葱、红葱头、蘑菇、芹菜等切成薄片，连同水和白葡萄酒一同加入锅内（见图 1-2-8）。

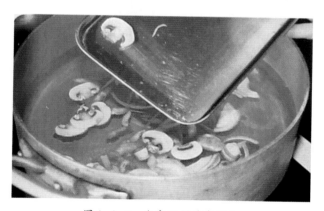

图 1-2-8　鱼高汤制作步骤 3

步骤 4　将浸泡后的鱼块沥干水分，放入锅中，加入白胡椒、百里香、月桂叶后用大火加热（见图 1-2-9）。

图 1-2-9　鱼高汤制作步骤 4

　　步骤 5　当浮渣浮出后，用汤匙捞除。熬煮约 20 min 后在过滤器上铺厨房用纸（或放滤网），用汤匙舀起汤汁（见图 1-2-10），轻巧地加以过滤，舀至适量后提起汤锅倒以完成剩余汤汁的过滤。

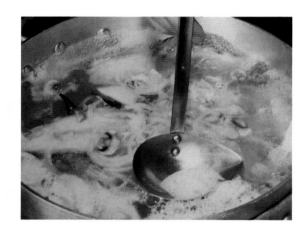

图 1-2-10　鱼高汤制作步骤 5

特别提示

　　加热的火力过强时鱼高汤会变浑浊，因此鱼高汤制作时保持微沸腾状态即可。

三、汆烫海鲜用高汤

汆烫海鲜用高汤是以洋葱、胡萝卜等具有香味的蔬菜为主要原料熬煮而成的爽口高汤，主要用于烫煮有腥味的内脏类或鱼贝类。

1. 汆烫海鲜用高汤的原料（见表 1-2-3）

表 1-2-3　　　　　　汆烫海鲜用高汤的原料

原料名称	用量
洋葱	1/2 个（100 g）
胡萝卜	1/3 根（50 g）
芹菜	1/3 根（30 g）
柠檬	1 个
白胡椒	3 粒
百里香	1 根
月桂叶	1 片
白葡萄酒	100 mL
水	1 L
粗盐	少许

2. 汆烫海鲜用高汤的制作

步骤 1　将洋葱、胡萝卜、芹菜、柠檬切成薄片。

步骤 2　将所有原料放入锅中（见图 1-2-11），约煮 20 min，其间要不时地捞除浮渣。

步骤 3　在过滤器上铺厨房用纸（或放滤网），用汤匙舀起汤汁，轻巧地加以过滤，舀至适量后提起汤锅倒以完成剩余汤汁的过滤（见图 1-2-12）。

图 1-2-11　放入原料

图 1-2-12　高汤过滤

四、小牛高汤

小牛高汤由小牛骨烘烤至香味四溢后放入锅中熬煮而成，香气浓郁、味道芳醇是其主要特征。

1. 小牛高汤的原料（见表 1-2-4）

表 1-2-4　　　　　　　　　　　　小牛高汤的原料

原料名称	用量
小牛骨	1 kg
洋葱	3/4 个（150 g）
胡萝卜	1/3 根（50 g）
芹菜	1/5 根（20 g）
红葱头	1/5 个（20 g）
蒜头	1 个
番茄	1/2 个（120 g）
番茄酱	20 g
白胡椒	3 粒
百里香	1 根
月桂叶	1 片
水	4 L

2. 小牛高汤的制作

步骤 1 烤网涂油后摆上小牛骨，置入预热至 220 ℃ 的烤箱中烘烤。烤箱底部垫上烤盘集油（见图 1-2-13）。

步骤 2 适时翻动烤盘中的小牛骨，使其受热均匀（见图 1-2-14）。

步骤 3 小牛骨烤至淡淡烘烤色后倒入不锈钢深锅里（见图 1-2-15）。

步骤 4 洋葱、胡萝卜、芹菜、红葱头切成块状，蒜头带皮纵向对切。以上原料放入锅中翻炒后淋上番茄酱翻炒。将炒好的蔬菜倒入盛放小牛骨的深锅里，加入水并用大火加热，待其沸腾后转为小火熬煮（见图 1-2-16）。

图 1-2-13 小牛高汤制作步骤 1

图 1-2-14 小牛高汤制作步骤 2

图 1-2-15 小牛高汤制作步骤 3

图 1-2-16 小牛高汤制作步骤 4

步骤5　除去浮渣后放入白胡椒、对切的番茄、百里香、月桂叶等，再熬煮6~7 h（见图1-2-17），熬煮过程中产生的浮渣要用汤匙及时捞除。

图1-2-17　小牛高汤制作步骤5

步骤6　熬煮完成后，去掉上面的红油。在过滤器上铺厨房用纸（或放滤网），用汤匙舀起汤汁，轻巧地加以过滤，舀至适量后提起汤锅倒以完成剩余汤汁的过滤（见图1-2-18）。

图1-2-18　小牛高汤制作步骤6

五、鸡高汤

鸡高汤是由鸡骨架熬煮出来的，其风味佳、制作方法也很简单。鸡高汤没有过于夸张的味道，是适用于所有菜肴的万能高汤。

1. 鸡高汤的原料（见表 1-2-5）

表 1-2-5   鸡高汤的原料

原料名称	用量
鸡骨架	4 副（400 g）
鸡腿肉	250 g
洋葱	1/2 个（100 g）
丁香	1 个
胡萝卜	3/4 根（120 g）
芹菜	1/2 根（50 g）
月桂叶	1 片
水	2 L

2. 鸡高汤的制作

步骤 1　将鸡骨架放入装有水的深汤锅中（见图 1-2-19）。

图 1-2-19　鸡高汤制作步骤 1

步骤 2　用大火加热，当出现浮渣时及时用汤匙将浮渣捞除（见图 1-2-20）。

步骤 3　丁香刺在洋葱上，与纵切成 4 等份的胡萝卜、芹菜、月桂叶、鸡腿肉和水等一起放入汤锅中，熬煮约 4 h，其间及时用汤匙捞除浮渣（见图 1-2-21）。

步骤 4　在过滤器上铺厨房用纸（或放滤网），用汤匙舀起汤汁，轻巧地加以过滤，舀至适量后提起汤锅倒以完成剩余汤汁的过滤（见图 1-2-22）。

图 1-2-20　鸡高汤制作步骤 2

图 1-2-21　鸡高汤制作步骤 3

图 1-2-22　鸡高汤制作步骤 4

特别提示

　　将丁香刺在洋葱上的目的在于当丁香的味道过重时，可以将其方便地取出。

意大利式菜肴基础酱料与调味料制作

意大利式菜肴中必备的基础酱料与调味料制作简单，使用也很方便。特别是蒜香橄榄油、番茄酱等，是制作意大利式菜肴经常使用的材料。

一、蒜香橄榄油

1. 原料准备（见表 1-3-1）

表 1-3-1　　　　　　　　　　　　原料准备

原料名称	用量
橄榄油	120 mL
蒜末	20 g

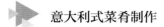

2. 制作方法

蒜末和橄榄油混合后放入密闭容器中静置 3 天左右即可制成蒜香橄榄油，制作方法非常简单，冷藏可保存 2~3 周。

3. 用途

蒜香橄榄油用于意大利面、炖饭、沙拉酱等，是意大利式菜肴中不可或缺的调味料。

二、辣椒油

1. 原料准备（见表 1-3-2）

表 1-3-2 原料准备

原料名称	用量
橄榄油	120 mL
红辣椒	20~30 根（60 g）

2. 制作方法

红辣椒和橄榄油混合后放入密闭容器中静置一天即可制成辣椒油，冷藏可保存 2~3 个月。

3. 用途

辣椒油用于增加辣味，使用非常方便，可以起到提升风味的效果。

三、油炒蔬菜酱

油炒蔬菜酱可以冷藏或冷冻保存，在使用时再度炒热即可。冷藏约可保存 1 周，冷冻则可保存 1~2 个月。

1. 原料准备（见表 1-3-3）

表 1-3-3　　　　　　　　　　　　原料准备

原料名称	用量
洋葱	2 个（400 g）
胡萝卜	1/2 根（75 g）
芹菜	1/2 根（40 g）
蒜香橄榄油	30 mL
淡奶油	5 mL

2. 制作步骤

步骤 1　将洋葱、胡萝卜、芹菜切成细丁。

步骤 2　将蒜香橄榄油和淡奶油放入锅中加热，将蔬菜细丁放入锅中拌炒至食材呈茶色。

3. 用途

油炒蔬菜酱常用于制作肉酱或炖煮类菜肴。

四、番茄酱

番茄酱冷藏可保存 4~5 天，冷冻则可保存 1~2 个月。

1. 原料准备（见表 1-3-4）

表 1-3-4　　　　　　　　　　　　原料准备

原料名称	用量
听装去皮番茄	800 g
洋葱	1/4 个（50 g）
蒜香橄榄油	适量
盐	适量
胡椒粉	适量

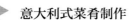

2. 制作步骤

步骤 1　在锅中加热蒜香橄榄油，放入切碎的洋葱丁炒至颜色改变为止。

步骤 2　听装去皮番茄用网筛过滤后，放入炒洋葱丁的炒锅中，加盐、胡椒粉调味，熬煮至分量为原来的 2/3。起锅前先尝味道，若太淡可再加入盐调味。

3. 用途

番茄酱是烹调意大利面、意大利饭和汤类菜肴的必需品。

五、番茄干

1. 原料准备（见表 1-3-5）

表 1-3-5　　　　　　　　　　　　原料准备

原料名称	用量
樱桃番茄	20 个
盐	适量

2. 制作步骤

步骤 1　将樱桃番茄去蒂后对半横切。

步骤 2　将对半横切的樱桃番茄切口朝上，并排放在烤盘上，撒上适量盐。

步骤 3　将烤盘放入预热至 100 ℃的烤箱中，烘烤 30 min 取出冷却后再放入烤箱烘烤 30 min，之后再冷却并烘烤 30 min。

步骤 4　将烤好的樱桃番茄放置在通风良好的场所约 1 天，待其完全干燥即制成番茄干。番茄干使用时浸泡在温水中 15 min 左右即可恢复原状。

3. 用途

用樱桃番茄制作的番茄干浓缩了番茄原有的酸甜风味，将其加入意大利面酱汁中可提升风味。

六、罗勒酱

1. 原料准备（见表 1-3-6）

表 1-3-6 原料准备

原料名称	用量
罗勒叶	30 g
蒜瓣	1 瓣（5 g）
松子	20 g
帕玛森干酪（磨成粉状）	20 g
橄榄油	80 mL

2. 制作方法

在研磨钵中放入橄榄油之外的其他所有原料进行研磨，研磨过程中将橄榄油以少量滴入的方式逐渐加入混拌即可制成罗勒酱。制成后的罗勒酱冷藏可以保存 2~3 周。

3. 用途

罗勒酱最常见的吃法是拌意大利面，可以凉拌蝴蝶面、宽面或者和煮熟的细面一起炒。罗勒酱也可以涂抹面包等食用。

七、柠檬蒜调味料

1. 原料准备（见表 1-3-7）

表 1-3-7 原料准备

原料名称	用量
柠檬皮	1/4 整张
迷迭香	1/2 枝
蒜瓣	1 瓣（5 g）

2. 制作方法

将所有原料切成细末混合拌匀即可制成柠檬蒜调味料，使用时根据自己的喜好撒在菜肴上。

3. 用途

柠檬蒜调味料可以去除腥臭、增添风味。柠檬蒜调味料做好后应马上使用。

八、综合香草

1. 原料准备（见表 1-3-8）

表 1-3-8   原料准备

原料名称	用量
牛至	5 g
鼠尾草	5 g
迷迭香	5 g
百里香	5 g
马郁兰	5 g

注：各种原料要完全干燥。

2. 制作方法

将所有原料放入盆中混合即可制成综合香草。制成的综合香草置于密闭容器中存放，可保存 1 年左右。

3. 用途

综合香草可以撒在意大利面酱汁或比萨上，称得上是万用调味料。

意大利式菜肴的特色炊具

在烹调意大利式菜肴时，平底锅、烫煮用的圆深锅、浅锅、夹子、刮勺、汤匙、盆、捣碎用的网筛（锥形过滤器）等器具，几乎可以用在所有菜式中。

意大利式菜肴制作中，铝制平底锅（见图1-4-1）最常用，调制酱料、混拌意大利面等不可或缺。

图 1-4-1 平底锅

另外，为了方便意大利面的制作，在煮意大利面时，可以选用只要拉起内锅就可以将面与水分开的双层意大利面锅（见图1-4-2），这样不需要特地将网筛置于水槽中，也不用将煮面的汤汁都倒掉。双层意大利面锅非常适用于必须快速烹调的意大利料理。

图 1-4-2 双层意大利面锅

培训任务 2

意大利面食制作

工器具和食材准备

烹调菜肴时，材料准备是否得当，是关乎成败的关键，特别是制作使用大量蔬菜的意大利面食，事先准备非常重要。

一、意大利面食制作的常用工器具

1. 意大利面压面机（见图 2-1-1）

意大利面压面机是可以擀面、分切的工具。

图 2-1-1　意大利面压面机

2. 意大利面量面器（见图 2-1-2）

可以计量 1~4 人份意大利面的量面器是意大利面量面器中最常见的款式。

3. 意式饺子模具（见图 2-1-3）

常用的意式饺子模具一次可以制作 24 个意式饺子，也有可以一次制作 12 个或 36 个的意式饺子模具。

4. 意大利面勺（见图 2-1-4）

意大利面勺可用不锈钢、木头、耐热塑料等材料制成。

5. 其他器具

制作意大利面时，至少需要一口煮意大利面的深锅、一个计时器和一个意大利面夹。煮意大利面用的深锅推荐使用有沥网、可沥干烫煮好的意大利面的锅。夹子形的意大利面夹除了可以在烫煮时夹起面条外，也是意大利面盛盘的重要工具。另外，制作手工面条时用来干燥面条的面架也是一种常用的器具。

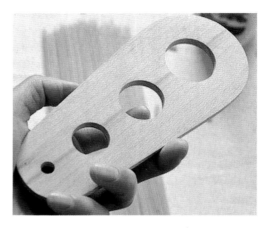

图 2-1-2　意大利面量面器

图 2-1-3　意式饺子模具

图 2-1-4　意大利面勺

相关链接

意大利面食的煮法与要领

1. 煮法

意大利面食要想做得美味，煮法是最为关键的。下面以干燥的长形意大利面和短形意大利面为例说明煮法。

（1）以意大利面的大小来决定煮面的锅。棒状的长形意大利面必须准备较深的锅，而短形意大利面适合使用宽阔的平口浅锅。

（2）意大利面、沸水与盐的比例。煮意大利面时，需准备意大利面量10倍的水和相对于水1%的盐，这是最基本的煮法。比如，煮100 g意大利面必须使用1 L水，需要在水中加入10 g盐。另外，使用粗盐可提升风味。

（3）以恰当的方式放入和捞出意大利面。若放入干燥的长形意大利面，应用两手将整束的面条以扭转方式放入锅中，待其稍稍沉入锅中后充分搅拌，煮熟后用网筛将意大利面捞出沥干。短形意大利面放入锅中煮时，也要不停搅拌，煮熟后同样用网筛捞出沥干。

2. 要领

（1）下意大利面的要领。长形意大利面放入锅中后，必须等面自然地沉入锅中。短形意大利面放入锅中之后，要立刻用木勺等混拌，避免黏结成块。

（2）烫煮时间。长形意大利面的烫煮时间必须连同接下来与酱汁混拌的时间一同考量，可参考包装袋上标注的烫煮时间，比标注时间略早1~2 min即可捞出。烫煮短形意大利面时，需要较仔细地烫煮，否则会留下硬芯，因此短形意大利面应依标注时间来烫煮。

（3）搅拌干燥长形意大利面的要领。烫煮干燥长形意大利面时，若在放入后立即混拌，有可能会将面条折断，因此应等到面条自然沉入锅中后再轻轻地搅动混拌。

（4）烫煮火候。烫煮时要随时保持锅中热水沸腾的状态。

二、意大利面食基础食材的准备

1. 番茄的汆烫剥皮

步骤 1　将去蒂的整个番茄浸没在热水中，至番茄去蒂位置周围的皮开始有点翻卷起来后及时将番茄捞出。注意如果番茄汆烫过度，皮容易煮破，会使番茄味道变淡。

步骤 2　捞起的番茄必须立刻泡入放有冰块的冰水中，使其急速冷却。

步骤 3　将冷却了的番茄擦干，用水果刀十字划刀后剥除番茄皮（见图 2-1-5）。

图 2-1-5　汆烫后剥皮的番茄

2. 蘑菇的预处理

蘑菇水洗会变色，味道也会变差，因此应使用毛刷掸掉附着在其表面的泥土、灰尘等。注意要使用毛质柔软的毛刷。

3. 芦笋皮的刮除

用刀切除芦笋上连皮的结后，就可以用刮皮刀刮下薄薄的芦笋皮了（见图 2-1-6）。

刮皮刀刮除芦笋皮时，不要刮得太深。

4. 干牛肝菌的浸泡还原

干牛肝菌有时会混杂脏污和泥土，因

图 2-1-6　刮皮的芦笋

此应先用水浸泡还原后再使用。

干牛肝菌用冷水浸泡还原约需 30 min。如果牛肝菌未彻底泡软还原，硬芯会残留其中。浸泡还原干牛肝菌的汤汁非常鲜美，不要随意倒掉，可灵活用于各种澄清的汤汁中。

5. 菠菜的氽烫

先将颜色变黑的菠菜根前端切掉，再将根部切开呈十字状。将菠菜用水洗净，根茎部朝下放入沸水中氽烫。

6. 甜豆的除筋

将甜豆蒂部折断后向下拉就能除筋。不要忘记两侧要进行相同处理。

7. 茄子的除涩

茄子切块后放置在浅盘中，撒上大量盐，翻拌使全部茄子块均匀地沾上盐，放置 30 min 后即可去除涩味，最后用清水将茄子洗净沥干备用。

8. 蒜芽的取出

蒜瓣中残留的蒜芽会影响口感，因此蒜瓣要先去除蒜芽后再使用。

先用刀切下蒜瓣的根部，再用牙签从未切开的顶端刺入顶出蒜芽。

9. 辣椒的预处理

先用手指将辣椒蒂折断或用剪刀将其剪断，再用手指轻轻敲出辣椒中的籽，最后将辣椒切成圈状浸泡在水中可使其变得柔软。

10. 蛋白霜的打发

将蛋白倒入盆中后将盆倾斜，一边搅拌一边加入少量细砂糖。打发时，将细砂糖分 2~3 次加入，直至蛋白霜呈挺立状。

意大利面食的面坯制作

一、意大利墨鱼面条制作

1. 原料准备（见表 2-2-1 和图 2-2-1）

表 2-2-1 原料准备

原料名称	用量
高筋面粉	125 g
粗麦面粉	125 g
乌贼墨	15 mL
鸡蛋	1 个
水	80 mL

注：撒手粉使用粗麦面粉。

图 2-2-1　墨鱼面团原料

2. 制作步骤

步骤 1　揉面

（1）高筋面粉和粗麦面粉放入盆中混合，在中央挖一个凹洞（见图 2-2-2）。

（2）乌贼墨中加入 80 mL 水，调成乌贼墨液。

（3）在面粉中加入鸡蛋和乌贼墨液（见图 2-2-3），用指尖混合。

（4）面粉混合到一定程度后开始揉搓，运用手腕的力量将其揉搓成团，直到不太黏手为止。

图 2-2-2　在面粉中央挖一个凹洞

图 2-2-3　在面粉中加入鸡蛋和乌贼墨液

（5）面团揉搓至一定程度后，将其从盆中移至不锈钢台面上，揉搓成圆团（见图 2-2-4）。揉好的面团往左右拉开时，若有一定的延展度，表示揉面已完成。

图 2-2-4　揉搓面团

步骤 2　压面

（1）将面团放入意大利面压面机中，经数次碾压使其逐渐变薄。

（2）面皮压薄至恰当厚度后将其 3 折，改变纵横方向再通过压面机碾压 2~3 次（见图 2-2-5）。注意面皮每次通过压面机时都要不时地撒上撒手粉，以免面皮粘连压面机。

图 2-2-5　压面

（3）将面皮放入冷藏室中冷藏 1 h 以上，让面皮松弛。

步骤 3 整形

（1）先黏合面皮的两端形成环状，再通过压面机慢慢压平，如此反复数次。

（2）用压面机分割面条（见图 2-2-6），折成琴弦状（见图 2-2-7），盖上保鲜膜醒发。

图 2-2-6 分割面条

图 2-2-7 折成琴弦状墨鱼面条

二、意大利菠菜面条制作

1. 原料准备（见表 2-2-2 和图 2-2-8）

表 2-2-2　　　　　　　　　　原料准备

原料名称	用量
00 号面粉	125 g
粗麦面粉	75 g
中筋面粉	50 g
蛋黄	2 个
菠菜汁	75 mL
盐	2 g
橄榄油	15 mL

注：撒手粉使用粗麦面粉。

图 2-2-8　菠菜面团原料

2. 制作步骤

步骤 1　揉面

（1）在搅拌盆中放入三种面粉以及蛋黄、菠菜汁、盐和橄榄油，混拌成粉块（见图 2-2-9）。

（2）取出粉块放到工作台上，用手掌充分揉搓成面团（见图 2-2-10）。

图 2-2-9　混拌成粉块

图 2-2-10　揉搓成面团

步骤 2　压面

将揉搓好的面团用压面机充分碾压，使其逐渐变薄，制成面片（见图 2-2-11）。

图 2-2-11　压制面片

步骤 3　整形

（1）先在面片上撒撒手粉，然后卷成面卷。

（2）用刀切成宽面（见图 2-2-12），抖开即成（见图 2-2-13）。

图 2-2-12　切成宽面

图 2-2-13　抖开菠菜面条

三、意大利千层面片制作

1. 原料准备（见表 2-2-3 和图 2-2-14）

表 2-2-3 原料准备

原料名称	用量
高筋面粉	125 g
粗麦面粉	125 g
鸡蛋	1 个
纯清黄油	5 mL
水	85 mL

注：撒手粉采用粗麦面粉。

图 2-2-14　面团原料

2. 制作步骤

步骤 1　揉面

（1）在盆中倒入高筋面粉和粗麦面粉，用指尖混合后在中央挖一个凹洞，往凹洞里加入纯清黄油、鸡蛋和水（见图 2-2-15）搅拌均匀，让粉和水充分混合。

图 2-2-15　往凹洞里加入纯清黄油、水和鸡蛋

（2）面粉整体混合松散后将其揉成团，揉至面团不粘手和盆为止。

（3）将面团放到工作台上，用双手由内向外呈环状揉搓面团（见图 2-2-16）。由于面团很硬，可以借助体重加压来揉搓。

图 2-2-16　揉搓面团

（4）将面团揉至整体均匀细滑并富有弹性即可。

步骤 2　压面

（1）用意大利面压面机碾压面团（见图 2-2-17）。

图 2-2-17　压面

（2）压面机的厚度值从最大值开始慢慢调小，让面皮通过数次。

（3）面皮碾压成厚约 1 cm 时，先撒上撒手粉并折叠起来，再用压面机压 2~3 次。注意折叠面皮时，应配合压面机的滚轴宽度来折，这样才能压出漂亮的长方形面皮。

步骤 3　整形

面皮上撒上撒手粉后，切成小方片（见图 2-2-18）。将切好的小方片叠放在一起，盖上保鲜膜冷藏保存。

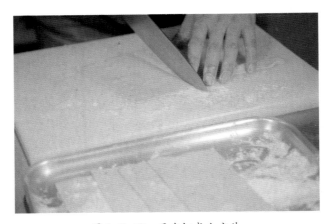

图 2-2-18　面皮切成小方片

四、意大利饺生坯制作

1. 原料准备

与制作意大利千层面片相同。

2. 制作步骤

步骤 1   揉面

与制作意大利千层面片相同。

步骤 2   压面

与制作意大利千层面片相同。

步骤 3   整形

（1）在工作台上撒上撒手粉，放上长方形面皮，用意大利饺切模轻压做记号。

（2）蛋白搅拌至稍微起泡，薄涂在已轻压上记号的面片上（见图 2-2-19）。

（3）将馅料按一定的量放在记号中央（见图 2-2-20）。

图 2-2-19   蛋白薄涂在轻压上记号的面片上

图 2-2-20   将馅料按一定的量放在记号中央

（4）将另一片面片轻轻盖上，用指尖按压馅料周围，使上下两片面片黏合。注意两片面片要仔细黏合，勿残留空气，否则水煮时容易出现破裂的情形。

（5）先用切模切割（见图2-2-21），再用叉压制意大利饺生坯（见图2-2-22）。注意成形的意大利饺生坯勿重叠摆放，需先入冷冻室冷冻，再装入能密封的容器或袋子里冷冻保存。

图 2-2-21　用切模切割

图 2-2-22　用叉压制意大利饺生坯

五、意大利螺旋面制作

1. 原料准备（见表 2-2-4 和图 2-2-23）

表 2-2-4　　　　　　　　　　　　　原料准备

原料名称	用量
胡萝卜	250 g
瑞可达芝士	50 g
帕玛森干酪粉	25 g
低筋面粉	125 g
鸡蛋	1 个

图 2-2-23　面团原料

2. 制作步骤

步骤 1　胡萝卜去皮，切滚刀块后放入锅里用小火煮软。

步骤 2　用果汁机搅拌煮熟的胡萝卜块、瑞可达芝士和帕玛森干酪粉，制成胡萝卜奶糊（见图 2-2-24）。

图 2-2-24　制胡萝卜奶糊

步骤 3　盆中加入低筋面粉，倒入胡萝卜奶糊，加入鸡蛋搅拌成粉块。

步骤 4　将粉块揉成面团（见图 2-2-25）。

图 2-2-25　将粉块揉成面团

步骤 5　用压面机将面团压成面皮（见图 2-2-26），必须反复压数次。

图 2-2-26　面团用压面机压成面皮

步骤 6　将面皮切成菱形小片（见图 2-2-27）。

步骤 7　将菱形小片逐片用筷子压成螺旋状（见图 2-2-28），撒上撒手粉，放在不锈钢盘中冷藏保存。

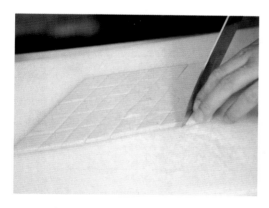

图 2-2-27　将面皮切成菱形小片

图 2-2-28　将菱形小片压成螺旋状

意大利面食的菜肴制作

一、意大利海鲜墨鱼面制作

1. 原料准备（见表 2-3-1 和图 2-3-1）

表 2-3-1　　　　　　　　　　原料准备

原料名称	用量
墨鱼面条	160 g
鱿鱼	300 g
番茄酱	80 g
鸡高汤	500 mL
白葡萄酒	50 mL
洋葱	1/2 个（100 g）
红辣椒	1/3 个
橄榄油	30 mL
荷兰芹碎	15 g
盐	适量
胡椒粉	适量
蒜泥	适量

图 2-3-1　意大利海鲜墨鱼面原料

2. 制作步骤

步骤 1　洋葱切丝，红辣椒切粒，鱿鱼切圈。

步骤 2　平底锅中烧热橄榄油，放入蒜泥、洋葱丝和红辣椒粒爆香后，加入切好的鱿鱼圈以大火拌炒。拌炒至鱿鱼表面变白，将番茄酱加入锅中（见图 2-3-2）。

图 2-3-2　拌炒鱿鱼并加入番茄酱

步骤 3　先加鸡高汤，用刮勺拌匀平底锅内的原料，再加入白葡萄酒、盐、胡椒粉煮 40~50 min，熬煮至鱿鱼柔软，整体呈糊状。试味，如感觉太辣可取出红辣椒。

步骤 4　圆筒深锅中放入大量水和适量的盐，煮至沸腾后，放入墨鱼面条，加盐、橄榄油后煮熟。

步骤5　墨鱼面条煮好后，放入熬煮鱿鱼的锅中（见图2-3-3），用刮勺拌匀。

图 2-3-3　墨鱼面条煮好后放入熬煮鱿鱼的锅中

步骤6　加入半匙荷兰芹碎。

步骤7　拌匀，盛盘（见图2-3-4）。

图 2-3-4　意大利海鲜墨鱼面成品

特别提示

熬煮鱿鱼时，应熬煮至锅中汤汁浓稠糊状，否则酱汁无法沾裹在意大利面条上，缺乏浓郁的口感，而且影响美观。

二、意大利番茄鳀鱼面制作

1. 原料准备（见表 2-3-2 和图 2-3-5）

表 2-3-2　　　　　　　　　　　原料准备

原料名称	用量
菠菜面条	160 g
番茄酱	150 g
鳀鱼	2 片（10 g）
带核黑橄榄与绿橄榄	各 4 颗
白葡萄酒	20 mL
红辣椒	1/2 根
鸡高汤	60 mL
醋渍酸豆	15 g
蒜香橄榄油	30 mL
荷兰芹	1 根
橄榄油	15 mL
帕玛森干酪粉	10 g
盐	适量
胡椒粉	适量

图 2-3-5　意大利番茄鳀鱼面原料

2. 制作步骤

步骤 1　橄榄切片，红辣椒去蒂和籽后切粒，荷兰芹切碎。

将红辣椒倒拿轻敲，使籽顺利掉出，务必在干燥状态下进行，因其一旦沾湿就无法顺利倒出籽。

步骤 2　先在平底锅中加热蒜香橄榄油至冒泡，再放入红辣椒粒爆香，然后加入酸豆和鳀鱼，边拌炒边用刮勺压碎鳀鱼。

步骤 3　倒入白葡萄酒去腥。

若先倒入白葡萄酒再加入鳀鱼，鱼腥味会变得更重。

步骤 4　倒入番茄酱、鸡高汤，边用刮勺充分拌匀，边放盐、胡椒粉加以调味，将其烹煮成蒜香番茄鳀鱼汁（见图 2-3-6）。

图 2-3-6　烹煮蒜香番茄鳀鱼汁

步骤 5　锅中放入大量水和适量的盐和橄榄油，煮至沸腾后放入菠菜面条，煮熟捞出。

步骤 6　将煮好的面条加入盛有蒜香番茄鳀鱼汁的平底锅中轻轻拌匀（见图 2-3-7），并撒上荷兰芹末、盐与胡椒粉调味。

图 2-3-7　加入煮好的面条

步骤 7　拌匀盛出，撒上帕玛森干酪粉（见图 2-3-8）。

图 2-3-8　意大利番茄鳀鱼面成品

三、意大利饺猪肉玉米馅心制作

意大利饺面皮制作及饺子包馅成形已在上一学习单元中介绍过，此处仅介绍意大利饺猪肉玉米馅心制作。

1. 原料准备（见表 2-3-3 和图 2-3-9）

表 2-3-3　　　　　　　　　　原料准备

原料名称	用量
猪肉末	150 g
洋葱末	80 g
胡萝卜末	40 g
西芹末	40 g
玉米粒	40 g
马苏里拉芝士	80 g
帕玛森干酪粉	20 g
蛋白	30 mL
盐	适量
胡椒粉	适量
橄榄油	适量

图 2-3-9　意大利饺猪肉玉米馅心原料

2. 制作步骤

步骤 1   锅中放入橄榄油，依次爆炒洋葱末、胡萝卜末、西芹末。

步骤 2   加入猪肉末炒至断生后加入玉米粒、蛋白翻炒，用盐、胡椒粉调味。

步骤 3   炒熟后加入两种芝士，翻炒后即制成意大利饺猪肉玉米馅心（见图 2-3-10）。

图 2-3-10   加芝士翻炒制成意大利饺猪肉玉米馅心

特别提示

用猪肉玉米馅心制作的意大利饺煮熟后配用的酱汁，建议以芦笋煮汁、淡奶油和帕玛森干酪调拌制成，或者用瑞可达芝士和切丁的生番茄调拌制成。

四、肉酱千层面制作

1. 原料准备（见表 2-3-4 和图 2-3-11）

表 2-3-4   原料准备

原料名称	用量
千层面片	4 片
肉末	250 g
洋葱末	40 g
胡萝卜末	20 g
西芹末	20 g
罗勒叶碎	20 g
百里香	10 g

续表

原料名称	用量
马苏里拉芝士	50 g
帕玛森干酪粉	15 g
番茄酱	80 g
奶油汁	300 mL
色拉油	100 mL
盐	适量
胡椒粉	适量

图 2-3-11　肉酱千层面原料

2. 制作步骤

步骤 1　锅中加水和适量盐煮开，一片片地放入千层面片煮熟，捞出放进冰水中冷却后取出（见图 2-3-12）。

图 2-3-12　千层面片煮熟冰镇后取出

特别提示

　　千层面片煮得过久，用夹子夹出时容易产生破洞，不妨改用木勺或平面状的工具来捞取。注意不可用长筷或汤匙等容易使千层面片破洞的工具。

步骤 2　锅中加入色拉油，爆香洋葱末，加入胡萝卜末、西芹末一起翻炒。

步骤 3　倒入肉末，加百里香后炒熟。

步骤 4　倒入番茄酱后加盐、胡椒粉调味，翻炒后盛出放凉即制成馅料（见图 2-3-13）。

图 2-3-13　制作千层面馅料

步骤 5　在耐热容器中铺上一层馅料，倒入奶油汁，放一片千层面片在其上方（见图 2-3-14）。

图 2-3-14　铺第一层馅料和面片

步骤6　在千层面片上再铺一层馅料，倒入奶油汁和番茄酱（见图 2-3-15），撒上马苏里拉芝士和帕玛森干酪粉，放一片千层面片在上方。

图 2-3-15　铺第二层馅料

步骤7　重复以上两个步骤，制成意大利千层面生坯。

步骤8　将装有千层面生坯的容器放入预热至 240 ℃的烤箱中，烘烤约 15 min，撒上罗勒叶碎（见图 2-3-16）。

图 2-3-16　肉酱千层面成品

五、奶油培根螺旋面制作

1. 原料准备（见表 2-3-5 和图 2-3-17）

表 2-3-5　　　　　　　　　　　　　原料准备

原料名称	用量
螺旋面	160 g
意式培根	70 g
洋葱末	20 g
蒜泥	20 g
罗勒叶	5 g
蛋黄	1 个
帕玛森干酪粉	20 g
淡奶油	80 mL
黄油	10 g
盐	适量
胡椒粉	适量

图 2-3-17　奶油培根螺旋面原料

2. 制作步骤

步骤 1　尽量挑选肥瘦均匀的意式培根，将其切成 5 mm 粗的棒状。

步骤 2　锅中加水和适量盐煮开，放入螺旋面煮熟。

步骤 3　炒香洋葱末、蒜泥后，放入意式培根，煎至表面酥脆、中间柔软时倒入淡奶油，加盐、胡椒粉调味。

步骤 4　倒入煮好的螺旋面，翻炒后加入黄油和淡奶油。

步骤 5　关火后倒入蛋黄拌匀（见图 2-3-18）。

图 2-3-18　螺旋面翻炒关火后加蛋黄拌匀

步骤 6　盛出装盘后撒上帕玛森干酪粉，以罗勒叶装饰即成（见图 2-3-19）。

图 2-3-19　奶油培根螺旋面成品

特别提示

　　酱汁是利用面和煮面的余温来加热的，因此必须迅速制作完成。若不熄火，酱汁中的蛋液就会凝固而结块。

　　混拌面和酱汁时，锅内的温度不可过低，否则成品会有蛋腥味。

培训任务 3

意大利比萨制作

工器具和食材准备

一、意大利比萨制作的常用工器具

1. 电子秤

电子秤（见图 3-1-1）用来称量各种粉类（如面粉、抹茶粉）、细砂糖等需要准确计量的原料。电子秤需要精确到 0.1 g，以保证原料的准确配比，这是面团制作成功的重要保障措施。

图 3-1-1　电子秤

2. 量杯、量匙

量杯的杯壁上有刻度，可以用来量取液态原料，如水、淡奶油等。量匙（见图 3-1-2）通常由塑料、不锈钢等材料制成，是形状为圆形或椭圆形且带有小柄的一种浅勺，主要用来量取少量液体或者细碎的固体原料。不

图 3-1-2　量匙

同的量匙系列规格略有不同，一般一套 4 个，从大到小依次为 1 大勺、1 小勺、1/2 小勺、1/4 小勺。有些量匙还有 1/2 大勺、1/8 小勺等。

3. 多功能搅拌机

多功能搅拌机（见图 3-1-3）也称和面机，属于面食机械的一种，其主要功能是将面粉和水进行均匀混合。

图 3-1-3　多功能搅拌机

4. 烤箱

烤比萨常用嵌入式或桌上型烤箱（见图 3-1-4）。烤箱还可以完成饼干、面包、蛋糕等食物的烤制。

 特别提示

微波炉无法代替烤箱，它们的加热原理完全不一样，即使是有烧烤功能的微波炉也不行。

图 3-1-4　烤箱

　　一般烤箱会附带烤盘和烤网。烤盘（见图 3-1-5）用来盛放需要烘烤的食物。烤网（见图 3-1-6）用来放置需要连同模具一起烘烤的食物，还可以用来冷却食物。烤比萨时，可直接将比萨放入烤盘中烘烤，也可以用比萨盘装好后放在烤网上烘烤。

图 3-1-5　烤盘

图 3-1-6　烤网

5. 擀面杖

　　擀面杖（见图 3-1-7）是一种用来压制面条、面皮的工具，多为木制。制作比萨饼底面团时，可以选专用排气擀面杖，其表面有细小的颗粒，可在擀面团时将面团内部的气体排出。

图 3-1-7　擀面杖

6. 案板

制作面食推荐使用非木质的案板,如金属案板、塑料案板(见图3-1-8)等。和木质案板相比,它们防黏性好,而且不易滋生细菌。

图 3-1-8 塑料案板

7. 毛刷

毛刷(见图3-1-9)主要用来蘸取油脂涂刷烤盘,或蘸取油脂、蛋液、糖浆等刷在面团或面皮表面,还可用干燥的毛刷去除面团或面皮表面的多余面粉。毛刷尺寸较多,刷毛材料有尼龙、动物毛等,其软硬粗细各不相同。如果用来将全蛋液涂抹在面团或面皮表面,使用柔软的羊毛刷比较合适。

图 3-1-9 毛刷

8. 刮板

刮板(见图3-1-10)又称面铲板,是一块接近方形的板,它是在完成面团制作后刮净容器或面板上剩余面糊的工具,也可以用来切割面团及修整面团。

图 3-1-10 刮板

9. 比萨铲

比萨铲(见图3-1-11)用于将比萨放入或移出烤箱。比萨铲宜选短柄的,长度在35~40 cm较为合适。如果烤箱较大,比萨铲手柄也可以稍长,在50 cm左右。

图 3-1-11 比萨铲

10. 烘焙纸

烘焙纸（见图 3-1-12）是一种耐高温的纸，主要用于垫在烤箱内待烘烤食物的底部。它能够防止食物粘在模具上，还能保证食物干净卫生。

图 3-1-12　烘焙纸

11. 比萨盘

选择比萨盘（见图 3-1-13）时，应在烤箱允许的范围内尽可能选大的。

12. 比萨轮刀

比萨轮刀（见图 3-1-14）的刀面通常采用不锈钢材质，其硬度高、耐腐蚀性强、切割方便。刀片中心为转动轴承，滑动轻松，可来回切割，不费力地将比萨上的芝士连同比萨饼底一起切断。比萨轮刀还适用于吐司、面包、蛋糕等的切割。

图 3-1-13　比萨盘

13. 比萨摇刀

现在有很多人喜欢用比萨摇刀（见图 3-1-15）来切割比萨。比萨摇刀的刀刃呈弧形，两端都有把手。比萨摇刀通常比较大，可以将比萨平整地一次性切开。使用比萨摇刀时，注意握住刀使较低的一端与案板成 45°抵在比萨边上，按住刀的另一端用力向下压，沿比萨直径摇摆比萨摇刀将比萨饼底切断。切的时候要果断干脆，不断重复以上动作，直到切出想要的块数。

图 3-1-14　比萨轮刀

图 3-1-15　比萨摇刀

二、意大利比萨制作常用原料

一份美味的比萨必须具备 4 个特质：新鲜酥软的饼底、上等芝士、美味比萨酱和新鲜的馅料。

1. 比萨饼底制作基本原料

饼底是比萨的核心和灵魂。想要做出口感松软、弹性十足的饼底，在选择原料时颇有讲究。

（1）面粉。小麦面粉中特有的麦胶蛋白和麦谷蛋白能通过吸水和搅拌产生面筋，酵母在发酵时会产生二氧化碳。面筋越多就越能"捕获"这些二氧化碳，从而支撑起面团的结构，使面团膨胀。做比萨时选什么样的面粉取决于想做的比萨类型以及想用多少时间使面团发酵熟成。通常，发酵时间长、蛋白质含量高的面粉适合做比萨饼底。

在小麦面粉中，蛋白质含量在 11.5% 以上的面粉称为高筋面粉（也称高筋粉），是制作比萨饼底的主要原料。中筋面粉（也称中筋粉）蛋白质含量平均在 11% 左右，如果要制作发酵时间短的面团，用这种面粉是可以的，不过其用来制作包子、馒头、饺子等中式面点更为合适。低筋面粉（也称低筋粉）的蛋白质含量通常在 8.5% 以下，适合制作蛋糕和饼干，不适合单独用于制作比萨饼底。

在制作比萨饼底时可以加入少量全麦粉。全麦粉是用没有去掉麸皮的小麦磨成的面粉，其口感粗糙，颗粒较为粗大。由于保留了麸皮中的大量维生素、矿物质和纤维素，全麦粉营养价值较高。需要注意的是，全麦粉加入的比例不能过大，否则会影响面筋的形成。

（2）酵母。酵母是生物膨大剂的一种，对面团的发酵起着决定性作用。新鲜酵母储存温度低、保质期短。市售的酵母通常为使用方便、易储存的颗粒状干酵母（即酵母粉），其由新鲜酵母脱水而成，多成袋出售。在面团中加入酵母以后，酵母菌即可吸收面团中的养分迅速生长繁殖，并产生二氧化碳气体，使面团形成膨大、松软、蜂窝状的组织结构。酵母储存不当容易缩短使用寿命，甚至失去活性，因此建议按需购买。

如果一次购买的酵母量较大，未用完的酵母一定要注意密闭、冷藏保存。如果发现酵母变色或者出现霉点，必须丢弃。

激活新鲜酵母或干酵母时，宜用温水，太热的水可能会杀死酵母菌。

（3）盐。盐是制作比萨饼底不可缺少的原料。盐能增加比萨饼底的味道；盐能增强面团中面筋的强度，使面团更柔韧、富有弹性；盐能起到防腐剂的作用，可防止面团氧化和变色；盐能延缓发酵，因为它会脱去酵母菌细胞中的部分水分，从而降低酵母菌的活性。

制作比萨饼底时，一般不能在一开始就用盐，而是在酵母开始发酵后才加入盐。盐的用量一般是面粉用量的 1.0%~2.2%。

（4）橄榄油。在制作比萨饼底时大多会用到橄榄油。它能帮助各种原料乳化，从而使面团更柔软。橄榄油还能帮助面团在烘焙时变色。往面团中加入黄油、猪油、炼乳、淡奶油等其他油脂或含油脂的原料，也能产生相似的功效。

橄榄油一般在和面的最后阶段加入，如果加得太早，油脂会形成膜，影响面粉吸收水分。

（5）细砂糖。细砂糖是经过提取和加工以后结晶颗粒较小的糖，是烘焙中常用到的糖。细砂糖颗粒小，更易融入面团或面糊里，并能吸附较多的油脂，还能令烘焙成品更加细腻光滑。

（6）鸡蛋。在面团中加入少量鸡蛋，可以增加营养和风味。将鸡蛋液打散，用毛刷刷在面团表面，可帮助食品上色和保湿。

2. 比萨调味品、馅料制作常用食材

一块美味的比萨除饼底之外，通常还会有芝士、比萨酱、蔬菜、水果、香草、肉食、海鲜等，可以根据自己的喜好和不同比萨的具体情况搭配不同的食材，以达到更好的烘焙及摆盘效果。

（1）芝士。可以用来制作比萨的芝士有多种，可以根据需求进行选择，芝士种类

见表 3-1-1。

表 3-1-1　　　　　　　　　　　　　　　　芝士的种类

种类	说明
马苏里拉芝士	马苏里拉芝士是制作比萨的首选芝士，由水和牛奶制成，味道清淡，口感顺滑，色泽纯白，组织富有弹性，烤后呈流质状，有独特的拉丝效果。在制作比萨时，可以将马苏里拉芝士刨丝或切碎后撒在比萨上
帕玛森干酪	帕玛森干酪是一种硬质芝士，其味道浓郁，被誉为"芝士之王"。市面上通常看到的帕玛森干酪是三角形包装的，通常会将它刨成丝状撒在铺好料的比萨上面，这样比萨烤好之后就会有一股乳香风味。帕玛森干酪加工后所得的粉末可以撒在比萨表层增加比萨的风味
红切达芝士	红切达芝士原产于英国，外表有一层橘红色的皮，味道浓郁，口感绵密，组织细致坚硬，可刨成丝撒在比萨上面，其味道浓郁中又带点盐的风味，较适合搭配肉类比萨，同时也常用在搭配意式菜肴上。红切达芝士还可以切成块状直接食用，佐以红酒，别具一番风味
奶油芝士	奶油芝士就是夹心面皮中间涂的那一层芝士，顾名思义，它有着奶油般的香气与口感，遇热则会融化，在咬下夹心比萨时，能让人满口充满芝士的香味

建议购买块状芝士自己磨碎、切丝或切片后使用，不要直接购买芝士碎，因为为了防止结块，预先磨好的芝士碎中通常会加入抗结剂、改性淀粉和胶。如果需要将芝士切片，可以购买小型切片机，或直接用长尖刀切，切之前确保芝士在冻硬状态。

（2）比萨酱。番茄酱是最常用的比萨酱，另外还有奶油白酱、香草酱等。如果条件允许，可以用新鲜优质的番茄混合纯天然香料自制番茄酱。当然，也可以直接购买番茄罐头或其他番茄制品，将其和调味品简单调和后使用。

（3）蔬菜和水果。可供选用的蔬菜和水果包括绿橄榄、黑橄榄、牛油果、蘑菇、洋葱、大蒜等。

（4）肉食或海鲜。可供选用的肉食或海鲜包括熟火腿、香肠、吞拿鱼、培根、蟹肉、鸡肉、牛肉、虾肉、三文鱼等。

（5）香草。可供选用的香草包括牛至叶、迷迭香、罗勒叶、百里香、洋蓟等。

三、意大利比萨的基础面团制作

1. 普通比萨饼底面团

（1）原料准备以烤 3 个 8 in（1 in ≈ 2.54 cm）的比萨饼底或 2 个 12 in 比萨饼底为例，介绍原料准备（见表 3-1-2）。

表 3-1-2　　　　　　　　　　原料准备

原料名称	用量
高筋面粉	600 g
细砂糖	18 g
酵母粉	5 g
盐	3 g
冷水	270 mL
温水（水温在 28 ℃左右，建议不要超过 30 ℃）	60 mL
橄榄油	20 mL

（2）制作步骤

步骤 1　激活酵母菌（见图 3-1-16）

将酵母粉加入面粉之前应先让酵母菌"醒过来"，即用温水激活酵母菌。这样做还可以及时发现酵母粉是否有质量问题。

将 60 mL 温水倒入装有酵母粉的碗中，用打蛋器用力搅拌 30 s 至酵母粉

图 3-1-16　激活酵母菌

溶解。溶解后的液体表面应该有少许泡沫。如果酵母粉颗粒没有完全溶解，而且有一

意大利式菜肴制作

些漂浮在表面，说明该酵母失去了活性，这时需更换酵母粉后重新溶解。

步骤2　和面（见图3-1-17）

先在装有面粉的盆中倒入冷水、酵母溶液，然后将盆放到多功能搅拌机上，开启机器低速搅拌一会儿。

特别提示

若还使用其他类型的面粉，可先将面粉混合好后再加入冷水和酵母溶液（此步骤同样适用于手工和面）。

图3-1-17　和面

低速搅拌约1 min，看到大部分面团粘在钩形头上后关掉搅拌机，并将粘在钩形头上的面团取下来。多次翻转面团，直到盆底的散面粉全部粘在面团上。如果不能全部粘上去，可分次加入少量水（一次加2.5 mL），直至面团不干并能紧实地结合在一起。

之后加入盐、细砂糖低速搅拌1 min，再加入橄榄油低速搅拌1~2 min。其间可不时暂停搅拌机，将粘在钩形头上的面团刮下来，直至所有的油都被面团吸收。此时面团看起来并不是特别光滑。

步骤3　揉面（见图 3-1-18）

用橡皮刮刀将面团移至未撒面粉的光滑工作台上，将面团聚拢。将惯用手（通常是右手）的掌根放在面团上方，向前方下推，另一只手将面团旋转 45°，并再次聚拢面团。重复推、旋转、聚拢的动作 2~3 min，直至面团变光滑。将面团用干净、湿润的布巾盖住，在室温下静置约 20 min。

图 3-1-18　揉面

步骤4　揉圆（见图 3-1-19）

先松弛面团，然后将其均分成 2 份或 3 份（视需求而定）。每一份分别称重，根据需要调整面团的重量，可能会剩余一点儿面团。

双手手指弯曲，内抠住面团，将面团由两边向中间折叠；旋转面团，继续折叠并按揉，直至面团表面光滑紧绷；将接缝用力捏合在一起，使面团呈球形。注意揉圆面团的过程中不要撕扯面团。

意大利式菜肴制作

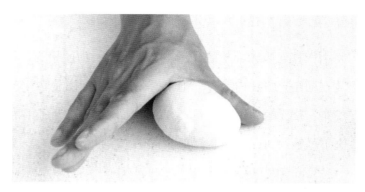

图 3-1-19　揉圆

步骤 5　发酵（见图 3-1-20）

先将揉圆的面团放入烤盘中，并用保鲜膜裹严实，然后将烤盘水平放入冰箱冷藏 24~48 h。在制作比萨前，先取出需用的面团（暂时不用的面团继续放在冰箱冷藏），静置使其达到室温，然后在面团表面撒上一把铺面（铺面可以由做面团所用的面粉和少量粗制全麦粉混合而成），最后将面团擀成面饼即可。

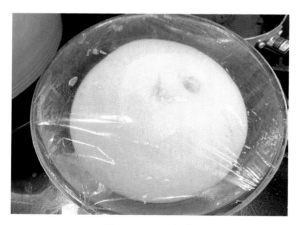

图 3-1-20　发酵

如果想要现揉现做面团，快速发酵，可不冷藏，直接在室温下发酵 1~2 h，发酵至比原来大 1 倍即可。夏季气温炎热时可缩短发酵时间，冬季天气寒冷时建议在烤箱内发酵。

判断面团是否发酵好的方法为：用手指沾少许面粉后插入面团并小心地抽出手指，

若面团不马上弹回，则表示已经发酵好了；若面团快速弹回，则表示发酵时间还不够；若面团长时间下陷不弹回，则表示发酵过度。

2. 特色比萨饼底面团一

（1）原料准备 以烤 2 个 6 in 比萨饼底或 1 个 9 in 比萨饼底为例，介绍原料准备（见表 3-1-3）。

表 3-1-3   原料准备

原料名称	用量
高筋面粉	230 g
低筋面粉	65 g
酵母粉	3 g
盐	20 g
细砂糖	20 g
橄榄油	20 mL
温水	150 mL

特别提示

高筋面粉和筋度较低的面粉混合制成的比萨饼底酥脆度比较好，适合大多数食材的搭配。

（2）制作步骤

步骤 1　在温水碗中倒入酵母粉，搅拌至混合均匀。

步骤 2　取一个大碗，倒入高筋面粉、低筋面粉、盐、细砂糖搅拌均匀，再加入橄榄油和酵母溶液拌匀。

步骤 3　用手揉面，直至其成为光滑的面团。

步骤 4　将面团放入碗中，盖上保鲜膜，发酵 15 min 左右。

3. 特色比萨饼底面团二

（1）原料准备以烤 2 个 6 in 比萨饼底或 1 个 9 in 比萨饼底为例，介绍原料准备（见表 3-1-4）。

表 3-1-4   原料准备

原料名称	用量
中筋面粉	320 g
酵母粉	3 g
盐	3 g
细砂糖	15 g
玉米油	15 mL
温水	180 mL

特别提示

中筋面粉制作的比萨饼底比较酥松，适合酱汁比较丰富的比萨。

（2）制作步骤

步骤 1 在温水碗中倒入酵母粉，搅拌至其混合均匀。

步骤 2 取一个大碗，倒入中筋面粉、盐、细砂糖搅拌均匀，再加入玉米油和酵母溶液，用橡皮刮刀拌匀。

步骤 3 用手揉面，直至其成为光滑的面团。

步骤 4 将面团放入碗中，盖上保鲜膜，发酵 15 min 左右。

4. 特色比萨饼底面团三

（1）原料准备以烤 1 个 5 in 比萨饼底为例，介绍原料准备（见表 3-1-5）。

表 3-1-5   原料准备

原料名称	用量
高筋面粉	170 g
酵母粉	1.5 g
盐	2 g
细砂糖	8 g
色拉油	8 mL
温水	90 mL

特别提示

　　高筋面粉制作的比萨饼底脆度保持的时间比较持久，适合酱汁比较少的比萨。

（2）制作步骤

步骤 1　在温水碗中倒入酵母粉，搅拌至其混合均匀。

步骤 2　取一个大碗，倒入高筋面粉、盐、细砂糖搅拌均匀，再加入色拉油和酵母溶液，用橡皮刮刀拌匀。

步骤 3　用手揉面，直至其成为光滑的面团。

步骤 4　将面团放入碗中，盖上保鲜膜，发酵 15 min 左右。

四、比萨酱制作

　　准备好比萨饼底之后，就要抹酱了。自制的比萨酱要比买的成品更符合自己的口味。其实比萨酱的做法并不复杂，只需先准备好制作比萨酱的原料、器具，然后按步骤一步步进行，就能做出一道属于自己的美食调味品。

1. 红酱（见图 3-1-21）

红酱味酸甜，颜色红润，是传统的比萨酱，适合与大多数食材的搭配。

图 3-1-21　红酱

（1）原料准备（见表 3-1-6）

表 3-1-6　　　　　　　　　　原料准备

原料名称	用量
黄油	20 g
洋葱	150 g
番茄	400 g
番茄酱	5 g
黑胡椒碎	2.5 g
牛至叶	2.5 g
盐	1 g
细砂糖	15 g

（2）制作步骤

步骤 1　番茄去皮切丁，洋葱切碎。

步骤 2　取锅加热，放入黄油至其融化，放入洋葱碎炒香。

步骤 3　加入黑胡椒碎和牛至叶翻炒均匀。

步骤 4　倒入番茄丁翻炒均匀，加入细砂糖和番茄酱炒匀。

步骤 5　小火焖制，待熬去多余水分后加盐调味。

步骤 6　关火，将做好的红酱盛入碗中即可。

2. 奶油白酱（见图 3-1-22）

奶油白酱奶香味足，咸鲜适口，适合与海鲜类、家禽类、全奶酪类食材的搭配。

图 3-1-22　奶油白酱

（1）原料准备（见表 3-1-7）

表 3-1-7　　　　　　　　　　　　原料准备

原料名称	用量
黄油	12 g
低筋面粉	15 g
淡奶油	50 mL
牛奶	150 mL
盐	适量

（2）制作步骤

步骤1　取锅加热，放入黄油至其融化。

步骤2　放入低筋面粉，炒出香味。

步骤3　关火，倒入淡奶油、牛奶，用搅拌器搅拌均匀。

步骤4　开小火，边熬边搅拌，待酱料黏稠后加盐调味。

步骤5　关火，将做好的奶油白酱盛入碗中即可。

3.青酱（见图3-1-23）

青酱新鲜香料味足，咸鲜适口，带有坚果和奶酪味，适合与海鲜类、蔬菜类食材的搭配。

图3-1-23　青酱

（1）原料准备（见表3-1-8）

表3-1-8　　　　　　　　　　　　　原料准备

原料名称	用量
新鲜罗勒	150 g
帕玛森干酪	10 g

续表

原料名称	用量
熟松子	10 g
大蒜	10 g
橄榄油	80 mL
柠檬皮屑	2 g
盐	2 g
黑胡椒粉	3 g

（2）制作步骤

步骤 1　新鲜罗勒取叶子部分洗净后沥干水分。

步骤 2　帕玛森干酪刨丝，熟松子去壳取出松仁，大蒜去皮切成小块。

步骤 3　将罗勒叶、帕玛森干酪、松仁、大蒜、柠檬皮屑、盐、黑胡椒粉放入料理机中，逐次加入橄榄油，搅拌至酱状即成青酱。

步骤 4　将青酱装入玻璃瓶中，淋上一层橄榄油，密封保存即可。

4. 黑胡椒酱（见图 3-1-24）

黑胡椒酱黑胡椒味浓郁，带有一定的香辛味和酒味，适合与牛羊肉类、腌制肉类食材的搭配。

图 3-1-24　黑胡椒酱

（1）原料准备（见表3-1-9）

表 3-1-9 原料准备

原料名称	用量
大蒜	5 g
洋葱	10 g
黄油	5 g
黑胡椒碎	5 g
番茄酱	15 g
蚝油	5 mL
细砂糖	2 g
盐	2 g
水	适量

（2）制作步骤

步骤1　大蒜和洋葱切碎。

步骤2　将黄油放入热锅中融化。

步骤3　加入大蒜碎和洋葱碎，煸炒至洋葱变软变透明且出香味。

步骤4　倒入黑胡椒碎，快速翻炒均匀至其出香味。

步骤5　倒入适量水没过食材，转小火煮至沸腾。

步骤6　倒入番茄酱、蚝油、细砂糖和盐，继续用小火焖煮。

步骤7　待汤汁变浓稠后盛出即可。

意大利比萨的分层铺料

新鲜出炉的比萨上均匀地撒着精心准备的、层次分明的、色泽鲜艳的食材，这样的比萨在铺料的时候是有一定讲究的（见图 3-1-25）。

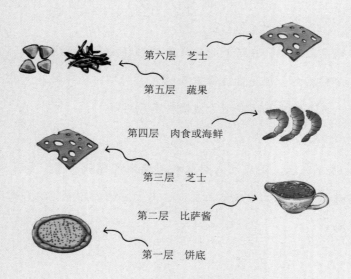

第六层　芝士

第五层　蔬果

第四层　肉食或海鲜

第三层　芝士

第二层　比萨酱

第一层　饼底

图 3-1-25　比萨分层示意图（根据比萨需要铺料）

比萨的每一层食材都应该铺设均匀，这样烤制出来的比萨不仅形状好看，而且也不会出现较大的口感差异。

烤制意大利比萨的注意事项

虽然现在有了能预设温度、定时的烤箱，大大方便了比萨的烤制，但仍然还有许多需要注意的事项。

1. 烤箱温度和时间的设定

为了烘焙出外形、口感俱佳的比萨，烤箱温度和时间的设定必须控制精准。烤箱烤制温度一般设定为 235~300 ℃，时间设定为 2~10 min。夹板烤箱的温度可以设定为上火 300 ℃、下火 260 ℃，时间设定为 7 min；链条烤箱的温度可以设定为 255 ℃，时间设定为 5.5 min。值得注意的是，不同品牌、不同型号、不同类型的烤箱，参数设定会有一定的差别，需要根据实际情况予以适当调整。

2. 分两层撒芝士

如果分两层撒芝士，在烤制时热风对流循环加热，可利用上、下两层芝士夹住馅料，使馅料不会因为太过暴露而烤焦、烤糊，融化的芝士也可以很好地包裹住馅料，并与饼底一体成型，使馅料不易掉落。

3. 注意烤盘的放置位置

比萨生坯做好后，还应注意烤盘在烤箱中的摆放位置。如果是分层的烤箱，建议将烤盘放在第二层或第三层，远离上方的加热管，这样比萨上面的芝士就不会被烤焦。

4. 烤比萨前烤箱需要预热

预热烤箱是成功烤制比萨的关键一步。一般可以在制备馅料、饼底的同时将烤箱预热。一旦空烤箱达到预设的温度，就可以将制作好的比萨生坯放进去烤制了。预热的时间不宜太久，以免影响烤箱的使用寿命。

5. 比萨美观的注意事项

好看的比萨成品饼底边缘应呈金黄色，不妨试试下面的方法。

（1）和面原料中加入适量糖，在加热的过程中糖会发生焦糖化反应和美拉德反应，达到一定的着色效果。

（2）制饼底时撒上玉米谷物撒手粉。在拍除多余的玉米谷物撒手粉后，留在比萨饼底上的少量玉米谷物撒手粉在烤制后不仅能增色，还能添香。

（3）烘烤前在比萨饼底上刷一层油或蛋液，能增强着色效果。

6. 防止比萨粘盘

在把比萨生坯放在烤盘上之前，可先在烤盘上刷一层油，这样可以方便取出制成的比萨。另外，在制作饼底的过程中要注意厚薄均匀，太薄的地方抹酱撒料烤制后容易粘在烤盘上。

7. 避免烫伤

正在加热中的烤箱除了内部温度高外，外壳、玻璃门也很烫，因此在开启或关闭烤箱门时必须戴上隔热手套，以免烫伤。

8. 谨防饼边鼓包

导致饼边鼓包的原因有以下几种，都可归因于操作不当。

（1）和面过程中搅拌不均匀，导致面团表面不够光滑。

（2）制作饼底过程中面团排气不充分，打孔没打好。

（3）面团发酵过度，过于柔软造成整体坍塌鼓包。

9. 避免比萨口感过硬

比萨口感过硬，可能有多方面的原因，在烘烤时可以根据各种原因进行相应调整。

（1）可以选择高筋面粉、低筋面粉搭配使用，或者选择比萨专用面粉。

（2）发酵不充分会造成面筋不能充分扩展，达不到最佳的蓬松延展状态。

（3）烘烤温度不够会使烤制时间偏长，造成饼底和馅料的水分流失较多。

（4）如果面团本身偏硬，不容易揉搓延展，可能是添加的水太少了，可在增加用水量的同时增加用油量。

原味比萨饼底制作

一、原料准备（见表 3-2-1 和图 3-2-1）

表 3-2-1　　　　　　　　　　　　　　　　原料准备

原料名称	用量
高筋面粉	200 g
纯清黄油	20 mL
酵母粉	3 g
盐	1 g
细砂糖	10 g
温水	120 mL

图 3-2-1 原味比萨饼底原料

二、制作步骤

步骤 1 将高筋面粉放入盆中，在中央挖一个凹洞（见图 3-2-2）。

图 3-2-2 高筋面粉中央挖一个凹洞

步骤 2 细砂糖、酵母粉、盐加入温水中搅匀后倒入高筋面粉中，加入纯清黄油混匀后搅拌成面团，盖上保鲜膜醒发（见图 3-2-3）。

步骤 3 取出面团，揉捏排气后用擀面杖擀成圆饼状面皮，放入比萨圆盘中稍加修整（见图 3-2-4）。

图 3-2-3　面团盖上保鲜膜醒发

图 3-2-4　圆饼状面皮放入比萨圆盘中稍加修整

步骤 4　用叉子在面皮上均匀地扎出小孔，制成原味比萨饼底（见图 3-2-5）。

图 3-2-5　原味比萨饼底

玛格丽特比萨制作

一、原料准备（见表 3-3-1 和图 3-3-1）

表 3-3-1 原料准备

原料名称		用量
比萨饼底	原味比萨饼底	1 个
比萨馅料	马苏里拉芝士	100 g
	蒜末	10 g
	樱桃番茄	50 g
	罗勒叶	10 g
	番茄酱	30 g

图 3-3-1 玛格丽特比萨原料

二、制作步骤

步骤 1 樱桃番茄对半切开，罗勒叶切碎。

步骤 2 原味比萨饼底均匀抹上番茄酱，铺上切好的樱桃番茄，撒上罗勒叶碎和蒜末（见图 3-3-2）。

图 3-3-2 饼底抹番茄酱，铺樱桃番茄，撒罗勒叶碎和蒜末

步骤 3 铺上马苏里拉芝士（见图 3-3-3）。

图 3-3-3　铺上马苏里拉芝士

步骤 4　放入预热好的烤箱内，上火、下火均为 240 ℃烘烤 8 min（见图 3-3-4），取出后撒上剩余的罗勒叶碎装饰即成（见图 3-3-5）。

图 3-3-4　生坯放入烤箱烘烤

图 3-3-5　玛格丽特比萨成品

萨拉米香肠培根比萨制作

一、原料准备（见表 3-4-1 和图 3-4-1）

表 3-4-1　　　　　　　　　　原料准备

原料名称		用量
比萨饼底	原味比萨饼底	1 个
比萨馅料	芝士丁	80 g
	培根	40 g
	萨拉米香肠	40 g
	青椒丁	20 g
	红椒丁	20 g
	洋葱丁	20 g

图 3-4-1　萨拉米香肠培根比萨原料

二、制作步骤

步骤 1　培根切条。

步骤 2　原味比萨饼底依次撒上洋葱丁、青椒丁、红椒丁，铺上培根条、芝士丁和萨拉米香肠，制成比萨生坯（见图 3-4-2）。

步骤 3　将烤箱温度调至上火、下火 240 ℃，预热烤箱，将比萨生坯放入烤箱烘烤 8 min 后取出即成（见图 3-4-3）。

图 3-4-2　饼底依次放上比萨馅料

图 3-4-3　萨拉米香肠培根比萨成品

夏威夷比萨制作

一、原料准备（见表 3-5-1 和图 3-5-1）

表 3-5-1 　　　　　　　　　原料准备

原料名称		用量
比萨饼底	原味比萨饼底	1 个
比萨馅料	菠萝	60 g
	虾仁	60 g
	芝士碎	40 g
	番茄酱	适量

图 3-5-1　夏威夷比萨原料

二、制作步骤

步骤 1　菠萝切块。

步骤 2　原味比萨饼底抹上番茄酱，均匀铺上菠萝块和虾仁，再撒上芝士碎，制成比萨生坯（见图 3-5-2）。

步骤 3　将烤箱温度调至上火、下火 240 ℃，预热烤箱，将比萨生坯放入烤箱烘烤 8 min 后取出即成（见图 3-5-3）。

图 3-5-2　饼底依次放上比萨馅料

图 3-5-3　夏威夷比萨成品

蔬菜比萨制作

一、原料准备（见表 3-6-1 和图 3-6-1）

表 3-6-1 原料准备

原料名称		用量
比萨饼底	原味比萨饼底	1 个
比萨馅料	西蓝花	50 g
	洋葱丝	30 g
	芝士丁	40 g
	杂菜粒	30 g
	红椒丁	30 g
	蛋黄酱	20 g
	番茄酱	30 g

图 3-6-1　蔬菜比萨原料

二、制作步骤

步骤 1　西蓝花改刀后切片。

步骤 2　原味比萨饼底抹上番茄酱。

步骤 3　撒上洋葱丝、红椒丁、杂菜粒、西蓝花片，铺上芝士丁，裱上蛋黄酱后制成比萨生坯（见图 3-6-2）。

步骤 4　将烤箱温度调至上火、下火 240 ℃，预热烤箱，将比萨生坯放入烤箱烘烤 8 min 后取出即成（见图 3-6-3）。

图 3-6-2　饼底依次放上比萨馅料

图 3-6-3　蔬菜比萨成品

学习单元 ⑦

海鲜比萨制作

一、原料准备（见表 3-7-1 和图 3-7-1）

表 3-7-1　　　　　　　　　　原料准备

原料名称		用量
比萨饼底	原味比萨饼底	1 个
比萨馅料	青椒粒	30 g
	红椒粒	30 g
	虾仁	30 g
	蟹柳	30 g
	章鱼	60 g
	芝士丁	80 g

图 3-7-1　海鲜比萨原料

二、制作步骤

步骤 1　章鱼切片（见图 3-7-2）。

步骤 2　原味比萨饼底撒上青椒粒和红椒粒。

步骤 3　依次铺上虾仁、蟹柳、章鱼片和芝士丁，制成比萨生坯（见图 3-7-3）。

图 3-7-2　章鱼切片

步骤 4　将烤箱温度调至上火、下火 240 ℃，预热烤箱，将比萨生坯放入烤箱烘烤 8 min 后取出即成（见图 3-7-4）。

图 3-7-3　饼底依次放上比萨馅料

图 3-7-4　海鲜比萨成品

培训任务 4

意大利式菜肴
主菜制作

煎羊排（配薄荷汁）制作

一、原料准备（见表 4-1-1 和图 4-1-1）

表 4-1-1 原料准备

原料名称		用量
主料	羊排	150 g
辅料	薄荷叶	8 g
	布朗沙司	100 mL
	黄油	5 g
	蒜泥	6 g
	土豆	100 g
	手指胡萝卜	10 g
	西蓝花	12 g
	绿节瓜	10 g
	有机食用花苗	0.5 g
调料	盐	2 g
	胡椒粉	2 g
	黄芥末	2 g
	红葡萄酒	5 mL

图 4-1-1　煎羊排（配薄荷汁）原料

二、制作步骤

步骤 1　将羊排上的筋膜去掉，刮干净后端骨头部分，用盐、胡椒粉、黄芥末、红葡萄酒腌渍（见图 4-1-2）。

步骤 2　绿节瓜切片，手指胡萝卜去皮，土豆去皮并修成橄榄形（见图 4-1-3），薄荷叶切碎，西蓝花改刀。

步骤 3　煮熟以上处理过的蔬菜。

步骤 4　热锅先煎羊排的油脂部分，等油脂基本煎出后再煎羊排的两面，煎香煎熟并上色，煎到七分熟（见图 4-1-4）。

图 4-1-2　腌渍羊排

图 4-1-3　土豆去皮并修成橄榄形

图 4-1-4　煎羊排

步骤 5　用锅中煎羊排煎出的油炒蔬菜。

步骤 6　黄油放入汤锅中融化后加入蒜泥、切碎的薄荷叶和布朗沙司，熬煮成薄荷汁（见图 4-1-5）。

步骤 7　薄荷汁倒入盘中，上置煎好的羊排，并把土豆、手指胡萝卜、西蓝花、绿节瓜一起放在羊排旁，点缀有机食用花苗即成（见图 4-1-6）。

图 4-1-5　熬煮薄荷汁

图 4-1-6　煎羊排（配薄荷汁）成品

煎鲈鱼（配黄油柠檬汁）制作

一、原料准备（见表 4-2-1 和图 4-2-1）

表 4-2-1 原料准备

原料名称		用量
主料	鲈鱼	200 g
辅料	西蓝花	38 g
	抱子甘蓝	30 g
	小红萝卜	30 g
	有机食用花苗	10 g
	柠檬	25 g
	洋葱末	10 g
	黄油	适量
调料	白葡萄酒	50 mL
	盐	2 g
	胡椒粉	2 g

图 4-2-1　煎鲈鱼（配黄油柠檬汁）原料

二、制作步骤

步骤 1　鲈鱼去鳞、去鳃、去骨，取出两片鱼肉（见图 4-2-2），用盐、胡椒粉腌渍后将鱼肉两面煎熟。

图 4-2-2　取出两片鱼肉

步骤 2　抱子甘蓝、西蓝花改刀，小红萝卜切薄片，柠檬切片。

步骤 3　抱子甘蓝、西蓝花焯水后放入锅中炒香。

步骤 4　用黄油爆香洋葱末，加入白葡萄酒煮至浓缩，挤入柠檬汁，用盐、胡椒粉调味，制成黄油柠檬汁（见图 4-2-3）。

图 4-2-3　黄油柠檬汁制作

步骤 5　盘中摆放鱼肉，围放蔬菜，淋上黄油柠檬汁，点缀有机食用花苗即成（见图 4-2-4）。

图 4-2-4　煎鲈鱼（配黄油柠檬汁）成品

意式炸火腿鸡排制作

一、原料准备（见表 4-3-1 和图 4-3-1）

表 4-3-1　　　　　　　　　　　原料准备

原料名称		用量
主料	鸡胸肉	150 g
	帕尔玛火腿	30 g
辅料	芝士片	30 g
	鸡蛋	100 g
	面包糠	150 g
	面粉	100 g
	百里香	10 g
	番茄沙司	50 g
	有机食用花苗	10 g
	黄节瓜	30 g
	绿节瓜	30 g
	手指胡萝卜	20 g

续表

原料名称		用量
调料	盐	2 g
	色拉油	500 mL
	胡椒粉	2 g
	白葡萄酒	10 mL

图 4-3-1　意式炸火腿鸡排原料

二、制作步骤

步骤 1　将手指胡萝卜去皮，将黄节瓜、绿节瓜改刀修成橄榄形（见图 4-3-2）。

图 4-3-2　蔬菜修整

步骤 2　将鸡胸肉剖开但不切断（见图 4-3-3），用盐、胡椒粉、白葡萄酒腌渍。

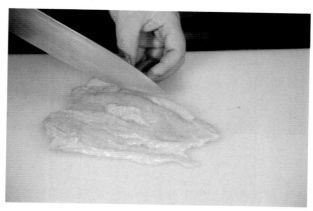

图 4-3-3　将鸡胸肉剖开但不切断

步骤 3　将剖开的鸡胸肉摊开依次放入帕尔玛火腿、芝士片并严密包裹后"过三关"（先拍面粉，再沾上鸡蛋液，最后裹上面包糠）（见图 4-3-4）。

图 4-3-4　火腿鸡排"过三关"

步骤 4　修整后蔬菜焯水后用色拉油炒香。

步骤 5　将"过三关"的火腿鸡排放入炸炉里炸至全熟（见图 4-3-5），同时炸熟百里香。

图 4-3-5　炸熟火腿鸡排

步骤6　盘中抹上番茄沙司，摆上炸好的火腿鸡排、百里香，围放蔬菜并点缀有机食用花苗即成（见图 4-3-6）。

图 4-3-6　意式炸火腿鸡排成品

意式烩海鲜制作

一、原料准备（见表 4-4-1 和图 4-4-1）

表 4-4-1　　　　　　　　　　　　　　原料准备

	原料名称	用量
主料	海鲈鱼块	80 g
	奶油沙司	70 g
	虾仁	30 g
	澳带	30 g
	带壳青口贝	50 g
辅料	黄油	20 g
	洋葱末	10 g
	蒜泥	6 g
	莳萝	0.5 g
	柠檬	10 g
	土豆	20 g
	罗勒叶	5 g
	淡奶油	20 mL
	有机食用花苗	适量

续表

原料名称		用量
调料	盐	2 g
	胡椒粉	2 g
	白葡萄酒	20 mL

图 4-4-1　意式烩海鲜原料

二、制作步骤

步骤 1　土豆切丁，罗勒叶切碎，柠檬切角。

步骤 2　带壳青口贝取肉（见图 4-4-2）。青口贝、澳带腌渍入味。

图 4-4-2　带壳青口贝取肉

步骤 3 土豆丁煮熟。

步骤 4 洋葱末、蒜泥炒香。

步骤 5 放入所有海鲜，倒入土豆丁、罗勒叶碎、莳萝，喷上白葡萄酒，加奶油沙司、淡奶油、盐、胡椒粉、黄油后煮熟（见图 4-4-3）。

图 4-4-3 煮熟海鲜并调味

步骤 6 盛出装盘，摆上柠檬角并点缀有机食用花苗即成（见图 4-4-4）。

图 4-4-4 意式烩海鲜成品

米兰芝士炸猪排制作

一、原料准备（见表 4-5-1 和图 4-5-1）

表 4-5-1　　　　　　　　　　原料准备

	原料名称		用量
主料		猪排	150 g（2 块）
辅料		芝士片	30 g
		方腿（西式火腿）	30 g
		鸡蛋	100 g
		面包糠	150 g
		面粉	100 g
		百里香	10 g
		番茄沙司	50 g
		有机食用花苗	10 g
		黄节瓜	30 g
		绿节瓜	30 g
		手指胡萝卜	20 g
调料		盐	2 g
		胡椒粉	2 g

图 4-5-1　米兰芝士炸猪排原料

二、制作步骤

步骤 1　黄节瓜、绿节瓜切片，手指胡萝卜去皮。

步骤 2　敲薄猪排（见图 4-5-2）后用盐、胡椒粉腌渍。

步骤 3　将猪排摊开并依次放入芝士片、方腿（见图 4-5-3），严密包裹后"过三关"（先拍面粉，再沾上鸡蛋液，最后裹上面包糠）。

图 4-5-2　敲薄猪排

图 4-5-3　猪排摊开并依次放入芝士片、方腿

步骤 4　手指胡萝卜、黄节瓜、绿节瓜焯水后煎上色。

步骤 5　将"过三关"的猪排炸至全熟（见图 4-5-4），同时炸熟百里香。

图 4-5-4　炸熟猪排

步骤 6　围放蔬菜，将炸熟的猪排切开置于盘中，配上番茄沙司并点缀有机食用花苗即成（见图 4-5-5）。

图 4-5-5　米兰芝士炸猪排成品

培训任务 5

意大利式菜肴荟萃

香烤羊排
（配炖杂菜和红酒汁）

（见图 5-1-1）

图 5-1-1　香烤羊排（配炖杂菜和红酒汁）

一、原料准备（见表5-1-1）

表5-1-1 原料准备

原料名称		用量
主料	羊排	170 g
辅料	香菜	20 g
	迷迭香	5 g
	百里香	3 g
	欧芹	10 g
	洋葱丁	20 g
	青黄节瓜丁	各 20 g
	青红椒丁	各 20 g
	茄子丁	20 g
	番茄丁	20 g
	番茄沙司	30 mL
	番茄酱	5 g
	红酒醋	5 mL
	罗勒叶碎	10 g
	红酒汁	50 mL
	黄油	40 g
	有机食用花苗	适量
	橄榄油	适量
调料	大藏芥末	2 g
	黑胡椒粉	4 g
	蒜头粉	2 g
	盐	适量

二、制作步骤

步骤1　将羊排修整改刀。

步骤2　香菜、迷迭香、百里香、欧芹、黑胡椒粉、蒜头粉与黄油一起打匀，制成香菜酱。

步骤 3　依次将洋葱丁、青黄节瓜丁、青红椒丁、茄子丁炒酥炒香。

步骤 4　热锅倒入炒酥的以上蔬菜丁，加入番茄丁、番茄沙司、番茄酱、红酒醋、盐、黑胡椒粉翻炒后拌入罗勒叶碎。

步骤 5　羊排用橄榄油煎至五成熟，表面涂抹大藏芥末、香菜酱、盐、黑胡椒粉后放入预热好的烤箱中 120 ℃烘烤至七成熟。

步骤 6　烤好的羊排、炒好的蔬菜、红酒汁、有机食用花苗装盘。

低温牛柳
（配南瓜泥和松露黑醋汁）

（见图 5-2-1）

图 5-2-1　低温牛柳（配南瓜泥和松露黑醋汁）

一、原料准备（见表 5-2-1）

表 5-2-1　　　　　　　　　　　　原料准备

原料名称		用量
主料	牛柳	220 g
辅料	南瓜	100 g
	芦笋	1 根
	手指胡萝卜	1 根
	宝塔菜	30 g
	黄节瓜	20 g
	抱子甘蓝	1 个
	淡奶油	10 mL
	黄油	30 g
	黑松露碎	10 g
	油浸番茄	1 个
	黑松露片	2 g
	有机食用花苗	适量
	鸡高汤	100 mL
	橄榄油	适量
调料	盐	适量
	胡椒粉	适量
	意大利黑醋	50 mL
	海盐	少许

二、制作步骤

步骤 1　牛柳去筋膜后改刀，用盐、胡椒粉腌渍。

步骤 2　将牛柳抽真空密封后放入 52 ℃低温机慢煮 15 min。

步骤 3　将意大利黑醋浓缩到一半的时候加入新鲜黑松露碎制成松露黑醋汁备用。

步骤 4　南瓜烤熟后用粉碎机打碎，拌入淡奶油、盐、黄油、胡椒粉调味制成南瓜泥。

步骤 5　芦笋、手指胡萝卜、宝塔菜、黄节瓜、抱子甘蓝用黄油、鸡高汤煮熟并用盐、胡椒粉调味。

步骤 6　热锅中加入橄榄油，放入调味后的牛柳煎至上色。

步骤 7　南瓜泥在盘中铺底，牛柳改刀后饰以松露黑醋汁、油浸番茄、黑松露片、海盐和有机食用花苗装盘。

双味海鲜
（配辣根泥和鱼子酱）

（见图 5-3-1）

图 5-3-1　双味海鲜（配辣根泥和鱼子酱）

一、原料准备（见表 5-3-1）

表 5-3-1   原料准备

原料名称		用量
主料	澳带	1 个
	鱿鱼	1 条
	意大利米	50 g
辅料	藏红花	3 g
	鸡高汤	50 mL
	橄榄油	适量
	黄油	适量
	辣根泥	50 g
	鱼子酱	20 g
	有机食用花苗	适量
调料	白葡萄酒	5 mL
	盐	适量
	胡椒粉	适量

二、制作步骤

步骤 1　用意大利米、藏红花、鸡高汤、盐、胡椒粉煮意大利饭备用。

步骤 2　澳带、鱿鱼洗净改刀。

步骤 3　澳带、鱿鱼用白葡萄酒、盐和胡椒粉腌渍 20 min。

步骤 4　用橄榄油和黄油将澳带煎熟。

步骤 5　鱿鱼焯水后酿入意大利饭，并用橄榄油以旺火煎上色。

步骤 6　配辣根泥，饰以鱼子酱、有机食用花苗装盆。

鱿鱼酿海鲜烩饭

（见图 5-4-1）

图 5-4-1　鱿鱼酿海鲜烩饭

一、原料准备（见表 5-4-1）

表 5-4-1 原料准备

原料名称		用量
主料	小鱿鱼	1 条
	小鲍鱼	1 个
	澳带	2 个
	意大利米	50 g
辅料	蒜泥	10 g
	洋葱末	20 g
	鸡高汤	50 mL
	黄油	适量
	帕玛森干酪	20 g
	红菜头厚片	1 片
	苹果汁	30 mL
	石榴糖浆	10 mL
	新鲜无花果	1 个
	有机食用花苗	适量
	橄榄油	适量
调料	白葡萄酒	20 mL
	盐	适量
	胡椒粉	适量

二、制作步骤

步骤 1 小鱿鱼去内脏后洗净。

步骤 2 小鲍鱼、1 个澳带切粒。

步骤 3 蒜泥、洋葱末用橄榄油炒香后加入小鲍鱼粒和澳带粒翻炒，加入意大利米，分三次倒入白葡萄酒、鸡高汤、盐、胡椒粉烹煮至米饭八成熟，拌入黄油和帕玛森干酪，制成海鲜饭。

步骤 4 小鱿鱼加盐、胡椒粉、白葡萄酒焯水后酿入海鲜饭，放入预热好的烤箱

180 ℃烘烤 5 min。

步骤 5　另一个澳带用盐、胡椒粉调味后用橄榄油煎熟。

步骤 6　红菜头厚片焯水，用苹果汁、石榴糖浆调味。

步骤 7　饰以新鲜无花果、有机食用花苗装盘。

煎鳕鱼
（配时蔬和红菜头蜜汁）

（见图 5-5-1）

图 5-5-1　煎鳕鱼（配时蔬和红菜头蜜汁）

一、原料准备（见表 5-5-1）

表 5-5-1　　　　　　　　　　　　　　原料准备

原料名称		用量
主料	鳕鱼	200 g
辅料	手指胡萝卜	2 根
	豌豆	1 个
	节瓜条	20 g
	樱桃番茄	2 个
	小干葱	2 个
	红菜头汁	30 g
	酸黄瓜碎	10 g
	橙片	1 片
调料	橄榄油	适量
	海盐	适量
	柠檬汁	5 mL
	胡椒粉	适量
	淀粉	少许
	白兰地	8 mL
	盐	适量
	糖水	100 mL
	蜂蜜	30 g
	红酒醋	15 mL

二、制作步骤

步骤 1　鳕鱼去皮、去刺后改刀成形。

步骤 2　鳕鱼块用海盐、柠檬汁和胡椒粉腌渍。

步骤 3　将腌渍好的鳕鱼块拍上淀粉，用橄榄油将两面煎上色，淋上白兰地后放入预热好的 200 ℃烤箱烤至全熟。

步骤 4　手指胡萝卜、豌豆、节瓜条焯水后加入樱桃番茄，用盐、胡椒粉、橄榄油调味。

步骤 5　小干葱放入沸腾的糖水中，用小火煮 5 min 并炒上色。

步骤 6　红菜头汁加入蜂蜜和红酒醋中调匀并加热，制成红菜头蜜汁。

步骤 7　撒上酸黄瓜碎，饰以橙片装盘。

鸽肉松露意大利饺子
（配焗杂豆和黑鱼子酱）

（见图 5-6-1）

图 5-6-1　鸽肉松露意大利饺子（配焗杂豆和黑鱼子酱）

一、原料准备（见表5-6-1）

表5-6-1 原料准备

原料名称		用量
主料	鸽肉茸	20 g
	意大利饺子皮	20 g
	鸽翅膀	1 个
辅料	黑松露碎	5 g
	帕玛森干酪	5 g
	茄汁焗杂豆	20 g
	京葱片	2 g
	橄榄油	适量
	鱼子酱	2 g
	有机食用花苗	5 g
调料	盐	适量
	胡椒粉	适量
	白葡萄酒	5 mL
	比萨酱	10 g

二、制作步骤

步骤1　将鸽肉茸、黑松露碎、帕玛森干酪、盐、胡椒粉和白葡萄酒搅拌均匀，包入意大利饺子皮中。

步骤2　水烧开后放入包好的意大利饺子煮熟。

步骤3　鸽翅膀用盐、胡椒粉调味后用橄榄油煎熟。

步骤4　将茄汁焗杂豆放入锅中，加入比萨酱混合，熬煮浓稠后铺在盘底。

步骤5　京葱片放入锅中用橄榄油煎上色。

步骤6　配以鱼子酱、有机食用花苗装盘。

烤鸡肉香肠卷和熏肉肠
（配胡萝卜泥和山核桃）

（见图 5-7-1）

图 5-7-1　烤鸡肉香肠卷和熏肉肠（配胡萝卜泥和山核桃）

一、原料准备（见表 5-7-1）

表 5-7-1　　　　　　　　　　　原料准备

原料名称		用量
主料	鸡肉糜	100 g
	去骨鸡腿肉	150 g
	猪肘肠	100 g
辅料	罗勒叶	20 g
	胡萝卜	200 g
	鸡高汤	150 mL
	黄油	20 g
	有机菜苗	10 g
	青黄节瓜片	各 1 片
	山核桃	10 g
	有机食用花苗	适量
	橄榄油	适量
调料	盐	适量
	胡椒粉	适量

二、制作步骤

步骤 1　鸡肉糜、罗勒叶、盐、胡椒粉用粉碎机搅打成均匀的鸡肉馅备用。

步骤 2　去骨鸡腿肉用盐、胡椒粉调味后，卷入打好的鸡肉馅和猪肘肠做成鸡肉香肠卷。

步骤 3　鸡肉香肠卷在 76 ℃的水中煮 45 min。

步骤 4　将煮熟的鸡肉香肠卷用橄榄油煎上色后改刀。

步骤 5　胡萝卜加鸡高汤、黄油、盐、胡椒粉调味后煮熟，用粉碎机搅打成胡萝卜泥备用。

步骤 6　有机菜苗和青黄节瓜片用鸡高汤、盐、胡椒粉煮熟。

步骤 7　配以山核桃和有机食用花苗装盘。

煎牛小排
（佐意式风味蔬菜）

（见图 5-8-1）

图 5-8-1　煎牛小排（佐意式风味蔬菜）

意大利式菜肴制作

一、原料准备（见表5-8-1）

表5-8-1　　　　　　　　　　　　原料准备

原料名称		用量
主料	牛小排	150 g
辅料	土豆	100 g
	小干葱	2个
	手指胡萝卜	橙色2根、紫色2根
	鸡高汤	100 mL
	樱桃番茄	半个
	藕片	3片
	洋葱丝	10 g
	南瓜泥	50 g
	有机食用花苗	适量
	橄榄油	适量
调料	盐	适量
	胡椒粉	适量
	红葡萄酒	50 mL
	黑胡椒汁	30 mL

二、制作步骤

步骤1　牛小排去筋膜后用盐、胡椒粉、红葡萄酒腌渍。

步骤2　将腌渍好的牛小排煎至七成熟。

步骤3　土豆去皮后用模具刻成圆柱体（类似贝柱状），两种手指胡萝卜去皮。

步骤4　土豆、小干葱和手指胡萝卜分别加入鸡高汤中煨熟，并用盐、胡椒粉调味。

步骤5　半个樱桃番茄淋上橄榄油，撒上盐、胡椒粉进低温烤箱烤至微干。

步骤6　藕片用橄榄油煎上色，并用盐、胡椒粉调味。

步骤7　洋葱丝炒香后加入红葡萄酒、黑胡椒汁制成配汁。

步骤8　盘中铺上南瓜泥，饰以樱桃番茄、有机食用花苗装盘。